暨南大学本科教材资助项目（港澳台侨学生使用教材资助项目）

暨南大学经济管理实验中心实验教材

数据库开发与应用

Development and Application of Database

周　宏　李健威　编著

暨南大学出版社
JINAN UNIVERSITY PRESS

中国·广州

图书在版编目（CIP）数据

数据库开发与应用/周宏，李健威编著．—广州：暨南大学出版社，2022.12
暨南大学经济管理实验中心实验教材
ISBN 978－7－5668－3496－6

Ⅰ．①数…　　Ⅱ．①周…②李…　　Ⅲ．①数据库系统—高等学校—教材　　Ⅳ．①TP311.13

中国版本图书馆 CIP 数据核字（2022）第 165969 号

数据库开发与应用
SHUJUKU KAIFA YU YINGYONG
编著者：周　宏　李健威

出 版 人：张晋升
责任编辑：曾鑫华　张馨予
责任校对：孙劭贤　林玉翠
责任印制：周一丹　郑玉婷

出版发行：暨南大学出版社（511443）
电　　话：总编室（8620）37332601
　　　　　营销部（8620）37332680　37332681　37332682　37332683
传　　真：（8620）37332660（办公室）　37332684（营销部）
网　　址：http://www.jnupress.com
排　　版：广州市天河星辰文化发展部照排中心
印　　刷：佛山家联印刷有限公司
开　　本：787mm×1092mm　1/16
印　　张：14
字　　数：290 千
版　　次：2022 年 12 月第 1 版
印　　次：2022 年 12 月第 1 次
定　　价：49.80 元

前　言

在信息化社会，随着物联网、移动互联网、社交媒体等信息技术的飞速发展，数据资源规模急剧膨胀。越来越多的企业使用数据库来追踪基本交易，如果企业想知道哪些产品最受欢迎，谁是最有价值的客户，答案就隐藏在数据中；除此之外，数据库还能提供相关信息，使企业运作更加高效，帮助管理者和员工制定更好的决策。总之，数据管理不再仅仅是存储和管理数据，而是转变为用户所需要的各种数据管理的方式。它能够充分有效地管理和利用各类信息资源，是进行科学研究和决策的前提条件。

本书的撰写主要针对商科学生的特征，以商业逻辑为基础构建数据逻辑，再由数据库逻辑来服务商业逻辑是本书的基本指导思想；在介绍一些基本的数据库原理和技术的同时，以商业运作的需求为核心，讲解数据在经营活动中的实践应用，从偏重技术性的学习到技术与管理并重，以此加强商科学生对数据库知识的深入理解，提高其数字认知和素质，为其发展成为现代数字商业人才奠定基础。

为实现上述目标，本书在内容安排上以网络书店销售管理系统的数据库设计、操纵和管理为主线，提供了一个完整的数据库开发应用实例，系统展示了从应用需求分析、数据库设计、数据库实现、网络数据库开发到数据库管理程序开发等一系列以满足商业需求为中心、以数据库开发应用为线索的具体实践。在技术选择方面，本书也进行了一些取舍。一是针对数据库管理系统，本书选取的是 MySQL。与一些大型数据库管理系统相比，MySQL 以其体积小、速度快、成本低等特性成为目前广受欢迎的开放源代码数据库，其提供的功能可以满足大多数的应用场景；MySQL 复杂程度低、简单易用，降低了学生的学习难度。二是对于应用程序编程语言，本书选取了 Python。Python "伪代码"的特点对于新手来说极易上手，从而使学生能够专注于解决问题而不会陷入语言本身。全书共有 9 章，涵盖了数据库技术的整个知识体系；采用项目驱动的方式，通过解决项目问题，细致解析每个知识点，并梳理清楚各知识点间的联系；以实训为指导，借助实用的案例和通俗易懂的语言，详细介绍了数据库技术的基础知识。

为确保学生学习的连贯性和对各知识点的融会贯通，全书的知识讲解始终以网络书店销售管理系统为例，这样做可使学生在学习前两章的基础理论时就能对后续章节应用到的网络书店的数据库结构有清晰的了解，从而可以将精力放在对知识点的深入理解上，避免频繁转换思维带来的思维跳跃性。另外一个好处是，按照本书的学习线索，学生可以从抽象的数据库概念逐步过渡到构建出具体的数据库，逻辑脉络清晰，有助于强化学生对商业思考与数据逻辑间的关联性认知，而且能使其通过学习获得现实的"产品"，大大提高学生学习的成就感。此外，学生甚至可以将这种系统的工作方法运用于实际的业务实操中。

总体来讲，本书充分立足于商科学生在学科基础与就业导向方面的特点，注重加强学生对新管理实践和新技术发展的理解和掌握，强化课程内容和管理实践的紧密联系。本书结构完整，内容、案例丰富，语言深入浅出，实用性强，可作为普通高等院校数据库技术及应用课程的教材，也可作为相关技术人员的参考用书和各类计算机水平考试的辅导用书。

本书的撰写凝聚了作者多年教学和信息系统开发的经验，并邀请了多名在读本科生的参与。但囿于时间紧迫和作者水平有限，错误和不当之处在所难免，敬请各位读者不吝赐教。

周　宏
于广州暨南大学
2022 年 10 月

目　录

第1章　数据库系统概述

数据库技术是信息系统的核心和基础，它的出现极大地促进了计算机应用向各行各业的渗透。数据库的建设规模、数据库信息量的大小和使用频率已经成为衡量一个国家信息化程度的重要标志。本章主要介绍数据库系统的基本概念和相关基础知识，学习本章有助于对数据系统的概念建立基本认知，为后续章节的学习奠定基础。

1.1　数据库的基本概念

1.1.1　数据与数据库

1. 数据及其特征

（1）数据的定义。数据（Data）是描述现实世界各种信息的符号记录，是信息的载体和具体表现形式。

在计算机领域内，数据的概念不再局限于普通意义上的数字，凡是计算机中用来描述事物的记录，都可以统称为数据，包括文字、图形、图像、声音等。比如用国际标准书号（ISBN）、书名、出版社名称这几个特征来描述书籍时（9787566822925，群体智能与大数据分析技术，暨南大学出版社），这一记录就是一本书的数据。

（2）数据的特征。

①数据有"型"和"值"的特点。数据的"型"指的是数据的内部结构和对外联系，是指数据内容存储在媒体上的具体形式，也就是数据的"类型"。数据的"值"描述数据的具体取值，是指所描述客观事物的具体特性，也就是通常所说的数据的"值"。比如，上例中的数据"9787566822925"的型是一个字符串类型，但是具体的值表示的是书籍的编号。

②数据有多种表现形式。随着计算机应用的日益广泛，数据的表现形式不仅包括数字，还有文字、图形、图像、声音等多媒体信息。不同的数据类型在计算机中的存储方式不同。

③数据与信息有内在的联系。数据是信息的符号表现，信息是数据的语义解释。例如例子中"暨南大学出版社"表示的是书籍的出版社这个特定的语义，因此数据表示了信息，信息也必须通过数据的某种形式被表示出来，才能被人所理解和接受。

2. 数据库

数据库（Database，DB）就是按照一定的数据模型组织的、长期储存在计算机内、可为多个用户共享的大量数据的集合。在引入了数据库管理系统（Database Management System，DBMS）这个概念之后，我们可以认为，数据库就是由 DBMS 统一管理和控制的数据的集合。

1.1.2　数据库管理系统

数据库管理系统（DBMS），是用户管理数据库的工具，是为数据库的建立、使用和维护而配置的软件，它建立在操作系统（Operating System，OS）的基础上，能够对数据库进行统一的管理和控制。

按功能划分，数据库管理系统大致可分为 6 个部分：

（1）模式翻译：提供数据定义语言（Data Definition Language，DDL），用它书写的数据库模式被翻译为内部表示。数据库的逻辑结构、完整性约束和物理储存结构保存在内部的数据字典（Data Dictionary，DD）中。数据库的各种数据操作（如查找、修改、插入和删除等）和数据库的维护管理都是以数据库模式为依据的。

（2）应用程序的编译：把包含着访问数据库语句的应用程序编译成在 DBMS 支持下可运行的目标程序。

（3）交互式查询：提供易使用的交互式查询语言，如 SQL 语言。DBMS 负责执行查询命令，并将查询结果显示在屏幕上。

（4）数据的组织与存取：提供数据在外围储存设备上的物理组织与存取方法。

（5）事务运行管理：提供事务运行管理及运行日志、事务运行的安全性监控、数据完整性检查、事务的并发控制及系统恢复等功能。

（6）数据库的维护：为数据库管理员提供软件支持，包括数据安全控制、完整性保障、数据库备份、数据库重组以及性能监控等维护工具。

1.1.3　数据库系统

数据库系统（Database System，DBS）是采用数据库技术的计算机系统，是一个实现有组织地、动态地存储大量相关结构化数据的计算机软、硬件资源的集合。它包括与数据库有关的整个系统：数据库、DBMS、应用程序以及数据库管理员和用户等。

1. 数据库

数据库是一个单位或组织需要管理的全部关系数据的集合，它是长期存储在计算机内、有组织、可共享、统一管理的数据集合。

2. 硬件

硬件是运行 DBMS 和存储数据库中数据的基础，它包括 CPU、内存、输入和输出设备等硬件设备。

3. 软件

软件包括 DBMS、操作系统、各种主语言和数据库应用程序，其中操作系统软件是所有软件的基础。

4. 人员

管理、开发和使用数据库系统的人员，主要包括数据库管理员（Database Administrator，DBA)、系统分析员、应用程序员和用户。

数据库系统的全局结构如图 1-1 所示。

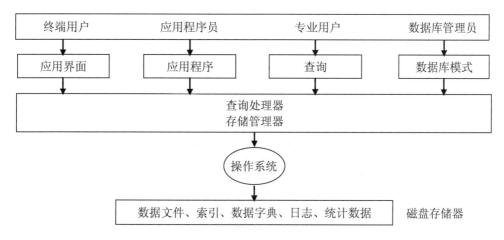

图 1-1　数据库系统全局结构

1.2　数据模型

1.2.1　数据模型的概念

现实生活中人们经常使用各类模型，如建筑模型、飞机模型、商业沙盘模型等。这些模型能够帮助人们把握和了解现实世界某一事物的结构、组织形态、内部特征、整体与局部的关系以及它的运动与变化等多元信息。

与此类似，为了用计算机处理现实世界中的具体事物，人们往往要抽象化客观事物，提取其主要特征，并将其归纳成一个简单清晰的轮廓，从而使复杂的问题变得易于处理，这就是"建模"——建立模型的概念。数据模型（Data Model）就是客观事物抽象化的一种表现形式，是计算机世界对现实世界的抽象、处理和表示的工具，是数据库系统的核心和基础。

数据模型建立的基本要求是：首先，模型要真实地反映现实世界，否则就没有实际意义；其次，要易于理解，模型要和人们对外部事物的认识相一致；最后，要便于实现，因为数据最终是由计算机来处理的。

1.2.2　信息的三个世界

各种计算机上运行的 DBMS 软件都是基于某种数据模型的，因此需要把现实世界中的具体事物抽象化、组织成与各种 DBMS 相对应的数据模型，这是两个世界间的转换，即从现实世界到机器世界。但是这种转换在实际操作中，是不能够直接执行的，还需要一个中间过程，这个中间过程就是信息世界，如图1-2所示。

图1-2　信息的三个世界

人们通常首先将现实世界中的客观对象抽象为某种信息结构，这种信息结构可以不依赖于具体的计算机系统，也不与具体的DBMS相关，因为它不是具体的数据模型，而是概念级模型，一般将其简称为概念数据模型（Conceptual Data Model，CDM）；然后再把概念数据模型转换成计算机上具体的DBMS支持的数据模型，即逻辑数据模型（Logic Data Model，LDM）和物理数据模型（Physical Data Model，PDM）。数据模型经过两级抽象和转换，经历了现实世界、信息世界和机器世界三个不同的世界。

1.2.3　数据模型的三要素

数据模型通常由数据结构（Data Structure）、数据操作（Data Operation）和完整性约束（Integrity Rules）三要素组成。

1. 数据结构

数据结构描述的是系统的静态特性，是所研究对象类型的集合。由于数据结构反映了数据模型最基本的特征，因此，人们通常都按照数据结构的类型命名数据模型。传统的数据模型有层次模型、网状模型和关系模型。

2. 数据操作

数据操作描述的是系统的动态特性，是对各种对象实例可执行的操作的集合。数据操作主要分更新和检索两大类，更新包括数据的插入、删除、修改等操作。

3. 完整性约束

完整性约束的目的是保证数据的正确性、有效性和相容性。例如，在关系模型中，任何关系都必须满足实体完整性和引用完整性这两个条件。

1.2.4　常见的数据模型

1. 层次模型（Hierarchical Model）

（1）基本原理。在现实世界中许多事物之间的联系可用一种层次结构表示出来。如一个图书馆的藏书由不同类型的书构成，一个类型的书又由不同的书籍构成。层次模型就是根据现实世界中存在的这些层次结构特点而提出的一种数据模型。

层次模型可以看作一棵以记录型为结点的有向树，每一个结点是一个由若干数据项组成的逻辑记录型，用有向边来表示实体集之间的一对多联系。这样，层次模型把整个数据库的结构表示成一个有序树的集合。其中，逻辑记录型可以看作逻辑记录的集合的名字，一个逻辑记录代表一个实体，逻辑记录由字段组成，用字段值表示实体的属性值。

【例 1 – 1】层次模型的例子。

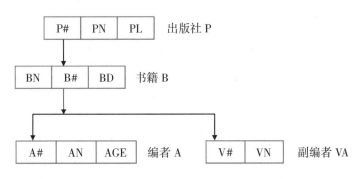

图 1 – 3　层次模型

图 1 – 3 描述的是一个层次模型的例子。它由出版社、编者、副编者、书籍等实体组成。出版社 P 是根节点，由 P#（出版社编号）、PN（出版社名称）、PL（出版社负责人）组成。根节点有一个子节点书籍 B。书籍 B 由 B#（书籍编号）、BN（书名）、BD（出版日期）组成，它有两个子节点，分别是编者、副编者。编者 A 由 A#（编者编号）、AN（姓名）、AGE（年龄）组成。副编者 VA 由 V#（副编者号）、VN（姓名）组成。

层次模型只能表示一对多的联系，而现实世界中事物之间的联系往往是很复杂的，既有一对多的联系，也有多对多的联系。为了反映多对多的联系，层次模型引入一种辅助数据结构——虚拟记录类型和逻辑指针，将其转换成一对多的联系。

（2）层次模型的特点。

①数据结构。

a. 树型结构（一对多关系）只有一个无双亲的根结点，其他结点有且只有一个双亲。

b. 表示多对多关系需要转换成一对多关系。

c. 表示非树形结构需要先转换成树形结构。

②操纵与完整性约束。

a. 不能插入无双亲的子结点。

b. 子结点会在双亲结点被删除时一起被删除。

c. 更新操作时要保证数据的一致性。

（3）层次模型的优缺点。

①优点：

a. 比较简单，只需很少的命令就能操纵数据库，使用容易。

b. 结构清晰，结点间联系简单，只要知道每个结点的双亲结点，就可知道整个模型结构。现实世界中许多实体间的联系本来就呈现出一种很自然的层次关系，用其表示企业内的行政层次或家族间的关系很方便。

c. 为数据完整性提供了良好的支持。

②缺点：

a. 不能直接表示两个以上的实体之间的复杂联系和实体型间的多对多联系，只能通过引入冗余数据或创建虚拟结点的方法来解决，容易导致数据的不一致性。

b. 对数据的插入和删除的操作限制太多。

c. 查询子结点必须通过双亲结点。

2. 网状模型（Network Model）

（1）基本原理。现实世界中事物之间的联系更多是非层次关系的，用层次模型表示这种关系很不直观，网状模型解决了这一问题，可以清晰地表示这种非层次关系。网状模型突破了层次模型的两点限制，即：允许结点有多于一个的父结点；可以有一个以上的结点没有父结点。这样以逻辑记录型为结点所形成的有向网络结构就称为网状模型。

网状模型中的每一个结点代表一个记录类型，联系则用链接指针来实现。因为在网状模型中子女到双亲的联系不是唯一的，所以在网状模型中对每一对父结点与子结点之间的联系都要指定名字，这种联系称为系。系中的父结点称为首记录型或主记录型，子记录型称为属记录型。

【例 1 - 2】 网状模型的例子。

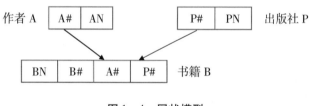

图 1 - 4　网状模型

（2）网状模型的特点。

①数据结构。

a. 网状模型中每个结点表示一个记录型（实体），每个记录型可包含若干个字段（实体的属性），结点间的连线表示记录型（实体）间的父子关系。

b. 允许多个结点无双亲，同时也允许结点有多个双亲。

c. 允许结点间有多个联系（复合联系）。

②数据操纵与完整性约束。

a. 允许插入无双亲的子结点，允许只删除双亲结点。

b. 更新操作较简单，修改数据时，可直接表示非树形结构，无须像层次模型那样增加冗余结点。因此，修改操作时只需更新指定记录即可。

（3）网状模型的优缺点。

①优点：

a. 能更为直接地描述客观世界，可表示实体间的多种复杂联系。

b. 具有良好的性能和存储效率。

②缺点：

a. 结构复杂，其数据定义语言极其复杂。

b. 数据独立性差，由于实体间的联系本质上是通过存取路径表示的，因此应用程序在访问数据时要指定存取路径。

3. 关系模型（Relational Model）

（1）基本原理。关系模型是出现较晚的一种模型，1970 年美国 IBM 公司的研究员埃德加·弗兰克·科德（Edgar Frank Codd）首次提出了数据库系统的关系模型。1977 年 IBM 公司研制的关系数据库的代表 System R 开始运行，之后，System R 被不断地改进和扩充，出现了基于 System R 的数据库系统 SQL/DB。20 世纪 80 年代以来，计算机厂商新推出的数据库管理系统几乎都支持关系模型，非关系系统的产品也都加上了能够对接关系模型的接口。关系数据库已成为目前应用最广泛的数据库系统，如现在广泛使用的小型数据库系统 FoxPro、Access，大型数据库系统 Oracle、Informix、Sybase、SQL Server 等都是关系数据库系统。数据库领域当前的研究工作也都以关系方法为基础。

关系模型流行的主要原因在于关系模型对数据及数据联系的表示非常简单，无论是数据的联系还是数据间的联系都用关系来表示；关系模型支持用高度非过程化的说明型语言表示数据的操作；同时，关系模型具有严格的理论基础——关系代数。

关系模型用二维表结构表示实体与实体之间的联系。关系模型的数据结构是一个"二维表框架"组成的集合。每个二维表又可称为关系（Relation）。在关系模型中，操作的对象和结果都是二维表。

因此，在关系模型中，基本数据结构就是二维表，不用像层次模型或网状模型那样有链接指针，记录之间的联系是通过不同关系中的同名属性来体现的。例如，要查找购买《群体智能与大数据分析技术》的订单，可以先在书籍信息表中根据书名找到书籍的 ISBN "9787566822925"，然后在订单信息表中找到 "9787566822925" 编号对应的订单即可。通过上述查询过程，同名属性 ISBN 起到了连接两个关系的纽带作用。由此可见，关系模型中的各个关系模式不是孤立的，也不是随意拼凑的，而是由一个个属性连接起来的。

（2）关系模型的特点。

①数据结构：

a. 关系模型与层次模型、网状模型不同，它是建立在严格的数学概念之上的。

b. 关系模型的数据结构是一个"二维表框架"组成的集合，每个二维表又可称为关系，所以关系模型是"关系框架"的集合。

②数据操纵与完整性约束：

　　a. 数据操纵主要包括查询、插入、删除和修改数据，这些操作必须满足关系的完整性约束条件，即实体完整性、参照完整性和用户定义的完整性。

　　b. 在非关系模型中，操作对象是单个记录，而关系模型中的数据操作是集合操作，操作对象和操作结果都是关系，即若干元组的集合。

　　c. 用户只要指出"干什么"，而不必详细说明"怎么干"，这样的操作大大提高了数据的独立性和用户的生产效率。

　　(3) 关系模型的优缺点。

　　①优点：

　　a. 与非关系模型不同，它有较强的数学理论根据。

　　b. 数据结构简单、清晰；用户易懂易用；不仅用关系描述实体，而且用关系描述实体间的联系。

　　c. 关系模型的存取路径对用户透明，从而具有更强的数据独立性和安全保密性，也简化了程序员在数据库建立和开发方面的工作。

　　②缺点：由于存取路径对用户透明，查询效率往往不如非关系模型。因此，为了提高性能，必须对用户的查询进行优化，这增加了开发数据库管理系统的负担。

1.3　数据库系统结构

1.3.1　三层模式结构

　　美国国家标准协会（American National Standards Institute，ANSI）的数据库管理系统研究小组于1978年提出了标准化的建议，将数据库结构分为三级：面向用户或应用程序员的用户级、面向建立和维护数据库人员的概念级、面向系统程序员的物理级。

　　用户级对应外模式，概念级对应概念模式，物理级对应内模式，使不同级别的用户对数据库形成不同的视图。数据库的三级模式是数据库在三个级别（层次）上的抽象，使用户能够按逻辑、抽象地处理数据而不必关心数据在计算机中的物理表示和存储。

　　为了实现三个抽象级别的联系和转换，数据库管理系统在三层结构之间提供了两层映像：①外模式/模式映像；②模式/内模式映像，如图1-5所示。

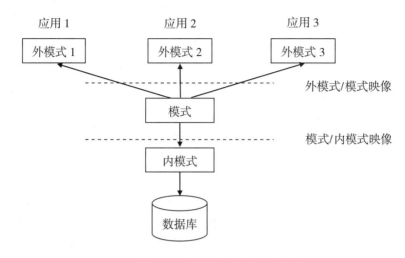

图 1 - 5　数据库系统的三级模式

下面分别介绍三层模式结构和两层映像功能。

1. 外模式

外模式（External Schema）又称为用户模式，是数据库用户和数据库系统的接口，是数据库用户的数据视图，是数据库用户可以看见和使用的局部数据的逻辑结构与特征的描述，是与某一应用有关的数据的逻辑表示。

一个数据库通常都有多个外模式。当不同用户在应用需求、保密级别等方面存在差异时，其外模式描述就会有所不同。一个应用程序只能使用一个外模式，但同一外模式可为多个应用程序所使用。外模式是保证数据库安全的重要措施，每个用户只能看见和访问所对应的外模式中的数据，而数据库中的其他数据均不可见。

2. 内模式

内模式（Internal Schema）又称为存储模式（Storage Schema），是数据库物理结构和存储方式的描述，是数据在数据库内部的表示方式。

内模式用于描述记录的存储方式，索引的组织方式，数据是否压缩、是否加密等。但内模式并不涉及物理记录，也不涉及硬件设备，比如，对硬盘的读写操作是由操作系统（其中的文件系统）来完成的。

数据按外模式的描述提供给用户，按内模式的描述存储在硬盘上，因此一个数据库只有一个内模式。内模式依赖于全局逻辑结构，但可以独立于具体的存储设备。

3. 模式

模式（Schema）是所有数据库用户的公共数据视图，是数据库中全部数据的逻辑结构和特征的描述。模式不仅要描述数据的逻辑结构，比如数据记录的组成，各数据项的名称、类型、取值范围，而且要描述数据之间的联系、数据的完整性、安全性要求。

模式又可细分为概念模式（Conceptual Schema）和逻辑模式（Logical Schema），其中概念模式可用实体—联系模型来描述，逻辑模式以某种数据模型（比如关系模型）为基础，综合考虑所有用户的需求，并将其构建成全局逻辑结构。

在三层模式结构中，数据库模式是数据库的核心与关键，一个数据库只有一个模式。外模式通常是模式的子集。模式介于内、外模式之间，既不涉及内部的存储，也不涉及外部的访问，起到了隔离的作用，有利于保持数据的独立性。

1.3.2 两层映像功能

所谓映像（Mapping）就是一种对应规则，说明映像双方如何进行转换。

1. 外模式/模式映像

通过外模式与模式之间的映像，可以把描述局部逻辑结构的外模式与描述全局逻辑结构的模式联系起来。由于一个模式与多个外模式对应，因此对于每个外模式都有一个外模式/模式映像用于描述该外模式与模式之间的对应关系。

外模式/模式映像通常放在外模式中描述。有了外模式/模式映像，当模式改变时，比如增加新的属性、修改属性的类型，只要对外模式/模式映像做相应的改变，使外模式保持不变，则以外模式为依据的应用程序就不受影响，从而保证了数据与程序之间的逻辑独立性，也就是数据的逻辑独立性。

2. 模式/内模式映像

通过模式与内模式之间的映像，可以把描述全局逻辑结构的模式和描述物理结构的内模式联系起来。由于数据库只有一个模式和一个内模式，因此模式/内模式映像也只有一个。

模式/内模式映像通常放在内模式中描述。有了模式/内模式映像，当内模式改变时，比如存储设备或存储方式有所改变，只要对模式/内模式映像做相应的改变，使模式保持不变，则应用程序就不受影响，从而保证了数据与程序之间的物理独立性，也就是数据的物理独立性。

1.3.3 数据库体系结构与数据独立性

数据独立性是指应用程序和数据结构之间相互独立，互不影响，是数据库系统最基本的特征之一。数据独立性包括数据逻辑独立性和数据物理独立性：数据逻辑独立性表示一旦模式发生变化，无须改变外模式或者应用程序的能力；数据物理独立性表示不会因为内模式发生改变而导致概念模式发生改变的能力。

从上面的介绍可以看出，数据库结构采用三层模式、两层映像为系统提供了高度的数据独立性。一方面，由于应用程序是在外模式所描述的数据结构的基础上编写的，外模式的稳定性就保证了应用程序的稳定性。另一方面，由于有两层映像，在内模式发生变化，甚至模式发生变化时，都可以使外模式在最大限度上保持不变。

外模式/模式的映象定义了外模式与模式的对应关系，当模式需要发生改变时，比如增加了属性或修改了属性，这时候只需要对外模式/模式映象进行修改而不需要对外模式进行修改，从而保证了基于外模式的应用程序可以照常使用，即保证了数据逻辑独立性。

模式/内模式的映像定义了数据的全局逻辑结构与存储结构的对应关系。当存储结构发生改变，即存储设备或存储方式改变时，只需要改变模式/内模式映像，而不需要改变模式，即数据的逻辑结构。即使是在服务器的物理存储设备不断更新的情况下，数据的逻辑结构依然保持稳定，即保证了数据物理独立性。

1.4 数据库管理系统

1.4.1 数据库管理系统的组成

DBMS 的主要组成部分如图 1 - 6 所示。

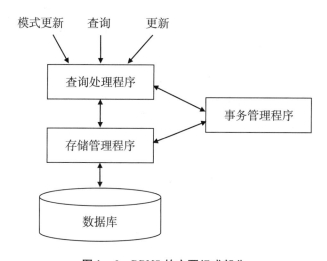

图 1 - 6 DBMS 的主要组成部分

1. DBMS 输入

图 1 - 6 的最上方，是三种类型的 DBMS 输入。

（1）查询。对数据的查询有两种生成方式。一是通过通用的查询接口，比如关系数据库管理系统允许用户输入 SQL 查询语句，然后将查询指令传给查询处理程序，并给出回答；二是通过应用程序的接口，典型的 DBMS 允许程序员通过应用程序调用 DBMS 来查询数据库。

（2）更新。对数据的插入、修改和删除等操作统称为更新。对数据的更新和对数据的查询一样，也可以通过通用接口或应用程序接口来提出。

（3）模式更新。所谓数据库的模式，就是指数据的逻辑结构。模式更新命令一般只能由数据库管理员下达。比如图书馆系统要求能提供书籍的出版社编号，数据库管理员就要在书籍关系中加入一个新的属性——出版社编号，这就是对模式的更新。

2. 查询处理程序（Query Processor）

查询处理程序的功能是在接收到一个操作请求后，为其找到一个最优的执行方式，然后向存储管理程序发出命令,使其执行。存储管理程序的功能是从数据库中获得上层想要查询的数据,并根据上层的更新请求更新相应的信息。由此可见,查询处理程序不仅负责查询,也负责发出更新数据或模式的请求。

3. 存储管理程序(Storage Manager)

在简单的数据库系统中,存储管理程序可能就是底层操作系统的文件系统。但有时为了提高效率,DBMS 往往直接控制磁盘存储器。存储管理程序包括两个部分:文件管理程序和缓冲区管理程序。

文件管理程序负责跟踪文件在磁盘上的位置、取出一个或几个数据块,数据块中含有缓冲区管理程序所要求的文件。磁盘通常划分成一个个连续存储的数据块,每个数据块的内存从 4KB 到 16KB 不等。

缓冲区管理程序控制着主存的使用。它通过文件管理系统从磁盘取得数据块,并选择主存的一个页面来存放它。如果有另一个数据块想要使用这个页面,就把原来的数据块写回磁盘。假如事务管理程序发出请求,缓冲区管理程序也会把数据块写回磁盘。

4. 事务管理程序(Transaction Manager)

事务管理程序负责系统的完整性。它必须保证同时运行的若干个数据库操作互相不冲突,保证系统在出现故障时不丢失数据。事务管理程序要和查询处理程序互相配合,因为它必须知道当前将要操作的数据,以免出现冲突。为了避免冲突,还可能需要延迟某些操作。事务管理程序也要和存储管理程序互相配合,因为数据库恢复一般需要一份日志文件来记录每一次数据的更新,这样做即使系统出现故障,也能有效而可靠地进行恢复。

1.4.2　数据库管理系统的功能

为实现对数据库统一的管理和控制,数据库管理系统提供了数据定义、数据操作、数据库的运行管理、数据组织与存储管理、数据库的保护、数据库的维护、通信等功能。

(1)数据定义。DBMS 提供数据定义语言,供用户定义数据库的三级模式结构、两层映像以及完整性约束和保密限制等约束。数据定义语言主要用于建立、修改数据库的库结构。DDL 所描述的库结构给出了数据库的框架,该框架信息被保存在数据字典中。

(2)数据操作。DBMS 提供数据操作语言(Data Manipulation Language,DML),使用户实现对数据的追加、删除、更新、查询等操作。

(3)数据库的运行管理。数据库的运行管理功能是 DBMS 的运行控制、管理功能,包括多用户环境下的并发控制、安全性检查和存取限制控制、完整性检查和执行、运行日志的组织管理、事务的管理和自动恢复(保证事务的原子性),这些功能保证了数据库系统的正常运行。

(4)数据组织与存储管理。DBMS 要分类组织、存储和管理各种数据,包括数据字典、用户数据、存取路径等,需要确定以何种文件结构和存取方式在存储级上组织这些数据以及确定如何实现数据之间的联系。数据组织和存储的基本目标是提高存储空间利用率，选择合适的存取方法以提高存取效率。

（5）数据库的保护。数据库中的数据是信息社会的战略资源，所以数据的保护至关重要。DBMS 对数据库的保护通过四个方面来实现：数据库的恢复、数据库的并发控制、数据库的完整性控制、数据库的安全性控制。DBMS 的其他保护功能还有系统缓冲区的管理以及数据存储的某些自适应调节机制等。

（6）数据库的维护。这一部分包括数据库的数据载入、转换、转储，数据库的重组重构以及性能监控等功能，这些功能分别由各个使用程序来完成。

（7）通信。DBMS 具有与操作系统的联机处理、分时系统及远程作业输入的相关接口，负责传送数据。网络环境下的数据库系统，应该还包括 DBMS 与网络中其他软件系统的通信功能以及数据库之间的互操作功能。

1.4.3 数据库语言

为了使用上述数据库管理系统的七大功能，数据库管理系统为用户维护和操作数据库中的数据提供了丰富的数据库语言，数据库语言是数据库系统完成数据描述、操纵和控制的重要工具。

1. 数据定义语言

数据定义语言是描述数据库中的数据、数据的逻辑结构、数据的物理结构以及两者间映射的工具。按照数据库系统的模式、外模式和内模式的三级模式结构，数据定义语言也相应地分为三级：

①模式数据定义语言：描述数据库的全局逻辑结构，主要供数据库管理员使用。

②内模式数据定义语言：即存储定义语言，描述数据实际存储方式。

③外模式数据定义语言：即子模式数据定义语言，描述数据库的局部逻辑结构，供用户使用。

模式数据定义语言是独立于数据库应用程序设计语言的语言，外模式数据定义语言和选作宿主语言的程序设计语言有相容的语法。

2. 数据操纵语言

数据操纵语言是对数据库中的数据进行存储、检索、修改和删除等功能的语言，是使用数据库必需的工具。任何数据库管理系统至少提供一种数据操纵语言。

DML 一般有自含式和宿主式两种使用方法：

①自含式数据操纵语言可以被独立使用，一般是数据库管理员在 DBMS 应用环境中直接使用，可以完成查询、修改和删除等功能，通常是非过程化语言。

②宿主式数据操纵语言需要嵌入其他程序设计语言（如 COBOL、FORTRAN、PL/I、汇编语言）中使用。被嵌入的语言称为宿主语言，嵌入的语言称为子语言。数据库应用程序用宿主语言和子语言书写而成，操纵语言和宿主语言要有相容的语法，宿主式数据操纵语言通常是过程化语言。

关系数据库管理系统所提供的数据库语言，如 System R 的 SQL 语言，具有定义、操纵和控制一体化的特征，既可嵌入宿主语言，也可独立用作查询语言。

3. 数据控制语言（Data Control Language，DCL）

数据控制语言是数据库语言中提供数据控制功能的语句的总和，如控制用户对数据的存取权、控制数据完整性等的语言成分。这些语句包括 GRANT、DENY、REVOKE 等。

1.4.4 数据库管理系统的工作过程

在对数据库的系统结构和数据库管理系统的体系结构有了初步的了解后，下面介绍应用程序查询数据库数据的过程，了解数据库系统是如何运行的。

一个典型的 DBMS 工作过程如图 1 - 7 所示。

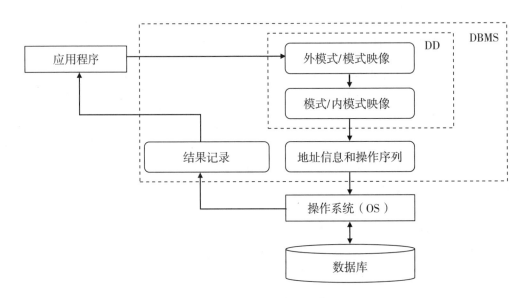

图 1 - 7　DBMS 的工作过程

在应用程序运行时，数据库管理系统将开辟一个数据库系统缓冲区，用于数据的传输和格式的转换。数据库系统三层结构的描述放在数据字典（DD）中。

假设用户在应用程序中有如下的 SQL 查询语句：

SELECT *

FROM Book_Information

该查询语句由两个子句组成，其中，FROM 子句给出所要查询的关系，这里是图书信息关系 Book_Information；SELECT 子句给出所要查询的属性的名字，星号"﹡"表示所有的属性，即整个元组。

该查询语句的具体执行过程如下：

①当计算机执行该语句时，启动 DBMS。

②DBMS 首先对该语句进行语法检查，然后从数据字典中找出该应用程序对应的外模式（相当于关系数据库中的视图），检查是否存在所要查询的关系，并进行权限检查，

即检查该操作是否在合法的授权范围内。如有问题，则返回出错信息。

③在决定执行该语句后，DBMS 从数据字典中调出相应的模式描述，并从外模式映像到模式，从而确定所需要的逻辑数据。

④DBMS 从数据字典中调出相应的内模式描述，并从模式映像到内模式，从而确定应读入的物理数据和具体的地址信息。在查询过程中，DBMS 的查询处理程序将根据数据字典中的信息进行查询优化，并把查询命令转换成一串单记录（元组）的读出操作序列，随后 DBMS 执行读出操作序列。

⑤DBMS 在查看内模式决定从哪个文件、用什么方式读取哪个物理记录之后，向操作系统 OS 发出从指定地址读取物理记录的命令，同时在系统缓冲区记下运行记录。当物理记录全部读完时，转到⑫。

⑥OS 执行读出的命令，按指定地址从数据库中把记录读入 OS 的系统缓冲区，随后读入数据库的系统缓冲区。

⑦DBMS 根据查询命令和数据字典的内容把系统缓冲区中的记录转换成应用程序所要求的记录格式。

⑧DBMS 把数据记录从系统缓冲区传送到应用程序的用户工作区。

⑨DBMS 把执行成功与否的状态信息返回给应用程序。

⑩DBMS 把系统缓冲区中的运行记录记入运行日志，以备后续查阅或在发生意外时用于系统恢复。

⑪DBMS 在系统缓冲区中查找下一记录，若找到就转到⑦，否则转到⑤。

⑫查询语句执行完毕，应用程序做后续处理。

第 2 章　关系数据库理论

第一章介绍了三种主要的数据模型，即层次模型、网状模型和关系模型，其中关系模型简单灵活，有着坚实的理论基础，已成为当前使用最广泛的数据模型。本章将围绕关系模型、关系代数、关系数据库的完整性以及数据库范式理论进行学习，学习本章有助于学生系统掌握关系数据库的相关理论，为数据库的应用开发提供指导。

2.1　关系模型

2.1.1　关系数据结构

1. 关系模式的定义

关系模式是对关系的描述（有哪些属性，各个属性之间的依赖关系如何），关系模式可以形式化地表示为：R（U，D，dom，F），其中，R 为关系名，U 是组成该关系的属性名集合，D 是属性组 U 中属性所来自的域，dom 是属性向域的映像集合，F 是属性间的数据依赖关系集合。关系模式通常可以简记为：

$$R（U）或 R（A_1，A_2，\cdots，A_n）$$

其中：R 为关系名，A_1，A_2，$\cdots$，A_n 为属性名。

关系与关系模式是关系数据库中密切相关而又有所不同的概念。关系模式描述关系的数据结构和语义约束，它不是集合，而关系是一个数据集合；关系模式是相对稳定的，而关系是随时间变化的，是某一时刻现实世界状态的真实反映，是关系模式在某一时刻的"当前值"。也就是说，关系模式是对关系的描述，关系是关系模式在某一时刻的状态或内容，关系模式是型，关系是它的值。

总而言之，一个关系模式的任何一个"当前值"称为该关系模式的关系实例（Instance），指由一组属性及属性数目相同的元组组成的集合。关系（Relation）是二维表的抽象，无论是实体集还是实体之间的联系均由单一的"关系"结构类型表示。

【例 2 - 1】下面是网上书店系统中部分实体的关系模型的例子。

①用户（用户号，账号，密码，姓名，性别，地址，邮编，电话，Email），关系表如表 2 - 1 所示。

②书籍（书籍编号，ISBN，书名，作者，出版社编号，出版日期，页数，版本，分类编号，库存数量，价格，折扣价），关系表如表 2 - 2 所示。

③出版社（出版社编号，出版社名称，电话，Email，地址，邮编，网址），关系表如表 2 - 3 所示。

④订单信息（订单号，书籍编号，书名，下单时间，下单数量），关系表如表 2 – 4 所示。

⑤订单细节（订单号，下单时间，支付方式，用户号，送货编号，订单状态，发货时间，预计到达时间，收货人，收货人地址，收货人电话，邮编），关系表如表 2 – 5 所示。

⑥书籍类别（分类编号，类别名称，父类别编号），关系表如表 2 – 6 所示。

表 2 – 1　用户表

User_List

用户号 UserID	账号 Account	密码 Password	姓名 TName	性别 Gender	地址 Address	邮编 Zipcode	电话 Tel	Email Email
U0001	Spring	123456	王 华	女	广东邮电学院	510630	（020） ** 56595	kiddy@163. com
U0002	June	448890	丁 冲	男	广东外语外贸大学	510006	156 ******	877878@163. com
U0003	FANDY	4877RR	任 然	男	广东工业大学	510090	6959595	4878@ sina. com
U0004	Hayley	5959985	海 利	女	暨南大学	510632	15578877	hhxxo@ gmail. com

表 2 – 2　书籍信息表

Book_Information

书籍编号 BookID	ISBN ISBN	书名 BookName	作者 Author	出版社编号 PressID
K0001	9787566831187	数据分析及 EXCEL 应用	王斌会	P003
K0002	9787566822925	群体智能与大数据分析技术（2018 年）	陶 乾	P003
K0003	9787302531272	MySQL 8 从入门到精通（视频教学版）	王英英	P001
K0004	9787121428340	数据分析之道：用数据思维指导业务实战	李渝方	P005
K0005	9787121430008	MongoDB 核心原理与实践	郭远威	P005
K0006	9787565323164	数据库原理及应用	杨雁莹	P006

续表 2 – 2　书籍信息表

Book_Information

出版日期 PublishDate	页数 Pages	版本 Edition	分类编号 CategoryID	库存数量 TotalNum	价格 Price	折扣价 DiscountPrice
2021 – 03 – 01	460	第 2 版	C100100	80	52. 00	31. 20
2018 – 04 – 01	1 504	第 1 版	C100100	65	763. 98	254. 66
2019 – 06 – 01	654	第 1 版	C100100	45	128. 00	121. 60
2022 – 02 – 01	236	第 1 版	C100100	30	106. 00	104. 90

（续上表）

出版日期 PublishDate	页数 Pages	版本 Edition	分类编号 CategoryID	库存数量 TotalNum	价格 Price	折扣价 DiscountPrice
2022 – 03 – 01	404	第 1 版	C100100	80	105.00	103.90
2015 – 08 – 01	255	第 1 版	C100100	60	58.00	42.90

表 2 – 3 出版社信息表

Press_Information

出版社 编号 PressID	出版社名称 PressName	电话 Tel	Email Email	地址 Address	邮编 Zipcode	网址 WWW
P001	清华大学出版社	(010) 62786544	e-sale@ tup. tsinghua. edu. cn	北京市海淀区清华大 学学研大厦 A 座	100084	http://www. tup. tsinghua. edu. cn
P002	人民邮电出版社	(010) 67132816	contact @ epu- bit. com. cn	北京市东城区夕照寺 街 14 号 A 座	100061	http://www. ptpress. com. cn
P003	暨南大学出版社	(020) 85226583	ocbs@ jnu. edu. cn	广州市天河区黄埔大 道西 601 号	510632	https://www. jnupress. com/
P004	西安电子科技 大学出版社	(029) 88201467	xdupfxb001 @ 163. com	西安市雁塔区科技路 41 号	710071	http://www. xduph. com
P005	电子工业出版社	(010) 88258888	duca@ phei. com. cn	北京市海淀区万寿路 南口金家村 288 号	100036	http://cbjj. phei. com. cn/
P006	中国人民大学 出版社	(010) 62513504	donglp@ crup. com. cn	北京市海淀区中关村 大街 31 号	100080	http://www. ttrnet. com

表 2 – 4 订单信息表

Order_Information

订单号 OrderID	书籍编号 BookID	书名 BookName	下单时间 OrderTime	下单数量 Quantity
2022001	K0001	数据分析及 EXCEL 应用	2022 – 03 – 07	2
2022002	K0002	群体智能与大数据分析技术（2018 年）	2022 – 03 – 09	1
2022003	K0003	MySQL 8 从入门到精通（视频教学版）	2022 – 03 – 08	3

表 2 – 5 订单细节表

Order_List

订单号 OrderID	下单时间 OrderTime	支付方式 Payment	用户号 UserID	送货编号 CourieredID	订单状态 OrderStatus	发货时间 DeliveryTime
2022001	2022 – 03 – 07	支付宝	U0002	01	已支付	2022 – 03 – 08

（续上表）

订单号 OrderID	下单时间 OrderTime	支付方式 Payment	用户号 UserID	送货编号 CourieredID	订单状态 OrderStatus	发货时间 DeliveryTime
2022002	2022 – 03 – 09	网银支付	U0001	02	已支付	2022 – 03 – 10
2022003	2022 – 03 – 08	网银支付	U0003	03	未支付	

续表 2 – 5 订单细节表

Order_List

预计到达时间 ETA	收货人 Consignee	收货人地址 Address	收货人电话 Tel	邮编 Zipcode
2022 – 03 – 10	王 华	广东邮电学院	（020）****	510630
2022 – 03 – 12	丁 冲	广州外语外贸大学	156 ****	510000
	任 然	广州	158 ****	510000

表 2 – 6 书籍类别表

Book_Category

分类编号 CategoryID	类别名称 CategoryName	父类别编号 BelongID
A100100	哲学	
A100110	逻辑学	A100100
A100120	伦理学	A100100
C100100	计算机类	
D100100	电子科技类	
E100100	英语类	

2. 基本术语

关系模式中的一些主要术语如表 2 – 7 所示。

表 2 – 7 关系模型中的主要术语（与计算机中的术语对照）

关系模型中的术语	计算机中的术语
属性：表中一列称为一个属性	一个字段
域：属性的取值范围	字段的取值范围
元组：表中一行称为一个元组	一条记录
分量：某元组的一个属性值（行、列交叉点）	一条记录某字段的取值
关系模式：关系名（属性名 1，属性名 2，…）	记录型
主键：表中某属性（组），其值可唯一标识一个元组	关键字
关系：对应一张二维表	一份数据库文件

①属性（Attribute）：表中的一列代表了一个属性，而每个属性都有一个属性名。如表 2-2 中，书籍编号、ISBN、作者、出版社编号……都是该书籍信息表的属性。

②域（Domain）：一组具有相同数据类型的值的集合，又称为值域，指属性的取值范围。如规定书籍的价格必须大于 0，出版日期必须是时间类型等。

③元组（Tuple）：表中的一行代表了一个元祖，它表示一个实体。如表 2-2 中，共有 6 个元组。二维表中所有元组称为一个实体集。

④关系模式（Relation Schema）：一个关系的属性名的集合，一般形式为：关系名（属性 1，属性 2，…，属性 n），如书籍（书籍编号，ISBN，书名，作者，出版社编号，出版日期，页数，版本，分类编号，库存数量，价格，折扣价）。由定义可以看出，关系模式是关系的框架，或者称为表框架，指出了关系由哪些属性构成，是对关系结构的描述。

⑤码（Key）或键：用来在关系模型中标识元组、建立关系之间联系的属性或属性组。关系模型的码有以下几种类型：

a. 候选键（Candidate Key）：二维表中唯一能标识关系中元组的属性或属性集，则称该属性或属性集为候选键，也称候选关键字或候选键。

b. 主键（Primary Key）：二维表中的某个属性或属性组，它可以唯一确定一个元组，主键有时也称为码，通常是从候选键中选定一个候选键作为主键。码是整个关系的性质，而不是一个个元组的性质。关系中的任意两个元组都不允许同时在码属性上具有相同的值。在出版社（出版社编号，出版社名称，电话，Email，地址，邮编，网址）中，可以选定"出版社编号"为主键，如果"出版社名称"各不相同，也可以选定"出版社名称"作为主键。

c. 复合键（Compound Key）：如果关系的主键不是一个属性，而是多个属性的组合，那么这样的主键被称为复合键。复合键中的各个属性称为主属性，关系中其余的属性称为非主属性。

d. 外键（Foreign Key）：若关系 R 的属性（或属性组）M 是关系 S 的主键，则称 M 是关系 R 的外键。其中 R 被称为参照关系，S 被称为被参照关系。

【例 2-2】候选键示例。

出版社（出版社编号，出版社名称，电话，Email，地址，邮编，网址）中，如果"出版社名称"可以相同，那么只有"出版社编号"是唯一可以标识表中的每一个元组的，则该表的候选键就是"出版社编号"；如果"出版社名称"不能相同，那么"出版社编号""出版社名称"都可以作为该表的候选键，标识表中的各个元组。

【例 2-3】复合键示例。

订单信息（订单号，书籍编号，书名，下单时间，下单数量）中，"订单号"和"书籍编号"不能单独作为该关系的主键，因为它们各自都不能唯一地确定一个元组。只有将"订单号"和"书籍编号"结合起来，才能唯一确定一个订单所要订购的书籍，所以该关系的主键是（订单号，书籍编号），该主键就是一个复合键。其中"订单号"和"书籍编号"就是主属性，而"下单时间"和"下单数量"就是非主属性。

【例 2-4】外键示例。

在书籍（书籍编号，ISBN，书名，作者，出版社编号，出版日期，页数，版本，分类编号，库存数量，价格，折扣价）和出版社（出版社编号，出版社名称，电话，Email，地址，邮编，网址）这两个关系中，"出版社编号"是出版社资料信息表的主键，它同时又是书籍信息表中的一个属性，所以是书籍信息表的外键。

3. 关系的分类

关系可以根据属性、元组数目和存储状况分为三类。

①按属性分类：当一个关系中含有 n 个属性时就称该关系为 n 元关系。当该关系没有任何属性时，关系为空关系。

②按元组数目分类：如果一个关系的元组数目是无限的，则称为无限关系，否则称为有限关系。由于计算机存储系统的限制，通常情况下都只研究有限关系。

③按存储状况分类：基表（表或基本表），即实际存在的表（实表），它是数据实际存储的逻辑表示；查询表，查询结果表或者查询时临时生成的表；视图表，是由基表或其他视图导出的表，是为了数据查询方便、数据处理简便以及确保数据安全而设计的数据虚表，有表结构但不对应实际存储的数据。

4. 关系的性质

尽管关系与二维表、传统的数据文件是非常类似的，但它们之间又有着重要的区别。严格地说，关系是规范化的二维表中的行的集合，为了使相应的数据操作简化，关系做了种种限制，具有如下特征：

①元组个数有限性。二维表中元组个数有限。

②元组的唯一性。关系中各元组均不相同。因为在数学里，集合中没有相同的元素，而关系是元组的集合，所以作为集合元素的元组是唯一的。

③元组的次序无关性。二维表中元组次序可以任意交换，即行的次序可以任意交换。因为集合中的元素是无序的，所以作为集合元素的元组也是无序的。根据这个性质，可以改变元组的顺序使其具有某种排序，然后按照顺序查询数据，可以提高查询效率。

④属性名唯一性。二维表中属性各不相同。

⑤属性的次序无关性。二维表中属性顺序可以任意交换，即列的次序可以任意交换。交换时，应连同属性名一起交换，否则将得到不同的关系。

⑥分量值域的同一性。关系属性列中，分量具有与该属性相同的值域，即二维表中各个元组相同的属性列取值来自相同的域。

⑦列不可再分性。二维表中每一个属性值都是不可分的基本数据项，或者说所有属性值都是一个确定的值，而不是值的集合。属性值可以为空值，表示"未知"或"不可使用"，但不可"表中有表"。满足此条件的关系称为规范化关系，否则称为非规范化关

系。如表 2 - 8 所示，若以"用户表（用户号，账号，密码，联系方式，性别）"作为该二维表的关系模式，则出现了还可细分的数据项"联系方式——地址、邮编、电话、Email"，不满足列不可再分性的，不是规范的"关系"。

表 2 - 8 用户表

用户号	账号	密码	联系方式				性别
			地址	邮编	电话	Email	
U0001	Spring	123456	广东邮电学院	510630	（020）85856595	kiddy@ 163. com	女

2.1.2 关系操作

关系数据库所使用的关系语言具有高度非过程化的特点，即用户只需说明"做什么"，而不必说明"怎么做"，一切过程都由 DBMS 完成。在关系模型中，关系操作方式的重要特点就是"集合操作"，即操作的对象和结果都是集合。这种操作方式称为一次一集合（set-at-a-time）的方式，而非关系模型的数据操作是一次一记录（record-at-a-time）的方式。

关系模型的关系操作包括查询（Query）操作和更新操作。更新操作则包括了插入（Insert）、删除（Delete）和修改（Update）三种操作。而在关系数据库中，主要通过数据操纵语言（DML）实现对数据的查询和更新操作，后续章节会对此内容进行详细介绍。

1. 查询操作

用户通过查询操作完成对数据的检索。在关系模型中，查询操作可以对一个关系的若干属性进行查询，可以对一个关系内若干元组进行查询，也可以对几个关系之间更复杂的属性和元组进行查询。

查询操作包括多个关系操作的内容，如：选择（Selection）、投影（Projection）、连接（Join）、除（Division）、并（Union）、交（Intersection）、差（Difference）、笛卡尔积（Cartesian Product）等。

2. 插入操作

插入操作是在指定关系中插入一个或多个元组。它可以将指定元组插入一个关系中，也可以插入不同关系中。

3. 删除操作

删除操作是删除指定关系的指定元组。

4. 修改操作

修改操作是在一个关系中修改指定元组的属性值。

2.1.3 完整性约束

为了维护数据库中数据与现实世界的一致性，保证数据的正确性和相容性，对关系数据库的插入、删除和修改等操作必须有一定的约束条件，这就是关系模型的三类完整性约束：实体完整性、参照完整性和用户定义的完整性。

1. 实体完整性（Entity Integrity）

实体完整性规则：若属性 A 是基本关系 R 的主属性，则 A 不能取空值。

【例 2-5】在关系模式书籍（书籍编号，ISBN，书名，作者，出版社编号，出版日期，页数，版本，分类编号，库存数量，价格，折扣价）中，"书籍编号"作为该关系中的主键，其取值不能为空。

关系模型中的一个元组对应一个实体，一个关系则对应一个实体集。例如，一条书籍信息记录对应着一本图书，书籍信息关系对应着所有图书的集合。现实世界中的实体是可区分的，即它们具有某种唯一性标识。与此相对应，关系模型中以主键来唯一标识元组。例如，书籍信息关系中的属性"书籍编号"可以唯一标识一个元组，也可以唯一标识书籍实体。如果主键的值为空或部分为空，即主属性为空，则不能唯一标识元组及与其相对应的实体。这就说明存在不可区分的实体，从而与现实世界中的实体是可以区分的事实相矛盾，因此主关系键的值不能为空或部分为空。

2. 参照完整性（Referential Integrity）

参照完整性规则：若属性（或属性组）F 是基本关系 R 的外键，它与基本关系 S 的主键 Z_S 相对应，那么关系 R 中的每一个元组在 F 上的取值要么取空值，要么等于 S 中的某个元组的主键值。

规则说明：

①关系 R 和 S 不一定是不同的关系，可以是同一个关系。

②被参照关系 S 的主键 Z_S 和参照关系的外键 F 必须定义在同一个（或一组）域上。

③外键并不一定要与相应的主键同名，不过有时为了易于辨识，外键与相应的主键可以同名。

参照完整性规则是定义外键与主键之间的引用规则。这条规则说明：实体之间存在着联系，因而存在关系和关系之间的引用，且不允许引用不存在的实体。

实体完整性和参照完整性是关系模型必须满足的完整性约束条件，被称作关系的两个不变形，任何关系数据库系统都应该支持这两类完整性。

（1）同一个关系之间属性的引用。

【例 2-6】书籍类别表（表 2-6）描述一本书所属的类别信息，每一个类别又有其相应的子类别，实际上是一个树状结构。在该关系中分类编号是主键；父类别编号是表的外键，它的取值参照着分类编号的取值。由于父类别编码不是该关系的主键，所以它的取值可以为空，表示该类别是树根，只有子类别，没有父类别。

（2）多个关系之间属性的引用。

【例2-7】书籍信息表（表2-2）的"出版社编号"和"分类编号"是该表的外键，它们分别参照着出版社信息表（表2-3）中的"出版社编号"和书籍类别表中的"分类编号"取值，理论上书籍信息表中的"出版社编号"和"分类编号"是可以取空值的，但考虑到在实际应用中，书籍是必须由出版社出版的，所以不能取空。而"分类编号"可以为空，在这里就表示该书还没有被确定类型。

（3）外键作为一个关系的主键。例2-6和例2-7中讨论的是外键作为一个关系的非主属性，而外键也可以作为一个关系的主属性。

【例2-8】订单信息表（表2-4）中的"订单号""书籍编号"分别参照订单细节表（表2-5）中的"订单号"和书籍信息表（表2-2）中的"书籍编号"取值，是订单信息表的外键。同时"订单号"和"书籍编号"又是订单信息表的主键，所以取值不能为空，否则违反了实体完整性规则。

3. 用户定义完整性（User-defined Integrity）

除了以上两种完整性约束外，不同的关系数据库系统由于应用环境的不同，往往还需要一些特殊的约束条件，这就是用户定义完整性。

用户定义完整性规则更加明确地反映了某一具体应用所涉及的数据必须满足的语义要求，它是针对该具体关系数据库应用而设定的一系列约束条件，在实际应用中非常重要，如规定书籍价格的取值不能小于0，用户性别只能取"男"或"女"等。关系模型给用户提供定义和检验这类完整性的机制，以便用统一的系统的方法处理它们，不需要由应用程序承担这一功能。

2.2 关系代数

2.2.1 概述

关系代数（Relation Algebra）是关于数理逻辑和集合论的代数结构。它是一种抽象的查询语言，主要用于在一个或多个关系上生成一个新的关系，通过对"关系"的运算来"表达查询"，即运算对象是关系，运算结果也是关系。

运算对象、运算结果和运算符是关系代数运算的三大要素。而关系代数用到的运算符主要有两大类：传统的集合运算符和专门的关系运算符，另外还有两类运算符是用来辅助专门的关系运算符进行操作的，即比较运算符和逻辑运算符，如表2-9所示：

表 2-9　关系代数运算符

运算类别	运算符	含义	运算类别	运算符	含义
集合运算符	∪	并	比较运算符	>	大于
	-	差		≥	大于等于
	∩	交		<	小于
	×	广义笛卡尔积		≤	小于等于
	σ	选择		=	等于
关系运算符	∏	投影		≠	不等于
	▷◁	连接	逻辑运算符	¬	非
	÷	除		∧	与
				∨	或

2.2.2　传统的集合运算

把关系看成元组的集合，以元组作为集合中的元素进行运算，其运算是从关系的"水平"方向，即行的角度进行的。传统的集合运算包括了并、差、交和广义笛卡尔积等运算。但并不是任意的两个关系都能进行这种集合运算的，设给定两个关系 R，除广义笛卡尔积外，要求参加运算的关系必须满足以下两个相容性条件：①具有相同的度，即关系 R 和关系 S 都为 n 元关系；②R 中第 i 个属性和 S 中第 i 个属性必须来自同一个域，满足以上条件的关系，R、S 才是相容的。

1. 并（Union）

设关系 R 和关系 S 为 n 元关系，且各个属性取值的域相同。关系 R 与关系 S 的并由属于 R 或属于 S 的元组组成，即 R 和 S 的所有元组合并，删去重复元组，组成一个新关系，其结果仍为 n 元关系。记作：

$$R \cup S = \{t \mid t \in R \lor t \in S\}$$

对于关系数据库，记录的插入和添加可通过并运算实现。

2. 差（Difference）

设关系 R 和关系 S 为 n 元关系，且各个属性取值的域相同。关系 R 与关系 S 的差由属于 R 而不属于 S 的所有元组组成，即 R 中删去与 S 中相同的元组，组成一个新关系，其结果仍为 n 元关系。记作：

$$R - S = \{t \mid t \in R \land t \notin S\}$$

通过差运算可删除关系数据库的记录。

3. 交（Intersection）

设关系 R 和关系 S 为 n 元关系，且各个属性取值的域相同。关系 R 与关系 S 的交由既属于 R 又属于 S 的元组组成，即 R 与 S 中相同的元组，组成一个新关系，其结果仍为 n 元关系。记作：

$$R \cap S = \{t \mid t \in R \land t \in S\} \text{ 或 } R \cap S = R - (R - S)$$

如果两个关系没有相同的元组，那么它们的交为空。

4. 广义笛卡尔积（Extended Cartesian Product）

设 n 元关系 R 和 m 元关系 S。关系 R 和 S 的广义笛卡尔积是一个由 $(m+n)$ 列的元组组成的集合。元组的前 n 列是关系 R 的一个元组，后 m 列是关系 S 的一个元组。若 R 有 k_1 个元组，S 有 k_2 个元组，则关系 R 和关系 S 的广义笛卡尔积有 $k_1 \times k_2$ 个元组。记作：

$$R \times S = \{<t_r, t_s> \mid t_r \in R \land t_s \in S\}$$

关系的广义笛卡尔积可用于两关系的连接操作。

表 2 - 10 是以上 4 类传统集合运算的示例。

表 2 - 10 集合的并、差、交和广义笛卡尔积

关系 R		
书籍编号	书名	价格
K0001	数据分析及 EXCEL 应用	52.00
K0002	群体智能与大数据分析技术（2018 年）	763.98

关系 S		
K0003	MySQL 8 从入门到精通（视频教学版）	128.00
K0002	群体智能与大数据分析技术（2018 年）	763.98
K0004	数据分析之道：用数据思维指导业务实战	106.00
K0005	MongoDB 核心原理与实践	105.00

关系 T		
分类编号	类别名称	类别描述
C100100	计算机类	计算机的原理
D100100	电子科技类	电子科技进展
E100100	英语类	英语教材

$R \cup S$		
书籍编号	书名	价格
K0001	数据分析及 EXCEL 应用	52.00
K0002	群体智能与大数据分析技术（2018 年）	763.98
K0003	MySQL 8 从入门到精通（视频教学版）	128.00
K0004	数据分析之道：用数据思维指导业务实战	106.00
K0005	MongoDB 核心原理与实践	105.00

$R - S$		
书籍编号	书名	价格
K0001	数据分析及 EXCEL 应用	52.00

（续上表）

$R \cap S$		
书籍编号	书名	价格
K0002	群体智能与大数据分析技术（2018 年）	763.98

$R \times T$					
书籍编号	书名	价格	分类编号	类别名称	类别描述
K0001	数据分析及 EXCEL 应用	52.00	C100100	计算机类	计算机的原理
K0001	数据分析及 EXCEL 应用	52.00	D100100	电子科技类	电子科技进展
K0001	数据分析及 EXCEL 应用	52.00	E100100	英语类	英语教材
K0002	群体智能与大数据分析技术（2018 年）	763.98	C100100	计算机类	计算机的原理
K0002	群体智能与大数据分析技术（2018 年）	763.98	D100100	电子科技类	电子科技进展
K0002	群体智能与大数据分析技术（2018 年）	763.98	E100100	英语类	英语教材

2.2.3 专门的关系运算

专门的关系运算不仅涉及行而且涉及列，包括选择（水平分割）、投影（对关系进行垂直分割）、连接（关系的结合）、除（笛卡尔积的逆运算）等运算，这些运算是为数据库的应用而引进的特殊运算。

1. 选择（Selection）

选择又称限制（Restriction），是指在关系 R 中选取满足具体条件的若干元组，记作：

$$\sigma_F(R) = \{t \mid t \in R \wedge F(t) = \text{'True'}\}$$

其中 t 表示 R 的一个元组，F 表示选择条件，是一个逻辑表达式，取逻辑值 True 或 False。

可通过图 2-1 理解选择运算的含义。

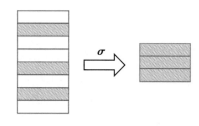

图 2-1 选择图例

逻辑表达式 F 的基本形式为 $X_1 \theta Y_1 [\varphi X_2 \theta Y_2 \cdots]$，它有两种成分：

①运算对象：有常量（用引号括起来）和属性名（或列的序号）两种表示方式。

②运算符：有比较运算符（也称为 θ 符）和逻辑运算符两种形式。

这里 θ 表示比较运算符，φ 表示逻辑运算符。X_1、Y_1 等是运算对象，即常量、属性名或简单函数，属性名也可以用它的序号来代替。[ ] 表示任选项，即 [ ] 中的部分可以要也可以不要，省略号表示上述格式可以重复下去。

因此选择运算实际上是从关系 R 中选取使逻辑表达式 F 为真的元组。

【例 2 - 9】在表 2 - 2 的关系中查询页数小于 500 页的书籍信息。可以表示为：

$\sigma_{Pages < 500}$（$Book\_Information$）

或

$\sigma_{7 < 500}$（$Book\_Information$）（因为 Pages 属性在书籍信息表中序号为 7）

其结果如表 2 - 11 所示。

表 2 - 11 例 2 - 9 查询结果

书籍编号 BookID	ISBN ISBN	书名 BookName	作者 Author	出版社编号 PressID	出版日期 PublishDate	页数 Pages
K0001	9787566831187	数据分析及 EXCEL 应用	王斌会	P003	2021 - 03 - 01	460
K0004	9787121428340	数据分析之道：用数据思维指导业务实战	李渝方	P005	2022 - 02 - 01	236
K0005	9787121430008	MongoDB 核心原理与实践	郭远威	P005	2022 - 03 - 01	404
K0006	9787565323164	数据库原理及应用	杨雁莹	P006	2015 - 08 - 01	255

【例 2 - 10】在表 2 - 2 的关系中查询页数小于 500 页，价格少于 100 元的书籍信息。可以表示为：

$\sigma_{Pages < 500 \wedge Price < 100}$（$Book\_Information$）

或

$\sigma_{7 < 500 \wedge 11 < 100}$（$Book\_Information$）

2. 投影（Projection）

关系 R 上的投影是从 R 中选择出若干属性列组成新的关系，也就是对一个关系 R 进行垂直分割，消去某些列并重新安排列的顺序。当消去了某些属性列后，就可能出现重复行，因此如果新关系中元组相同，就需要去掉重复的组。通常把投影记作：

$\prod_A(R) = \{t[A] \mid t \in R\}$

其中 A 为 R 中的属性列，$t[A]$ 表示关系 R 中各个元组在属性列 A 上的元组的集合。

可通过图 2 - 2 来帮助理解投影运算的含义。

【例 2 - 11】在表 2 - 2 的关系中查询书籍编号、书名、作者和价格。可以表示为：

$$\prod_{BookID,BookName,Author,Price}(Book\_Information)$$

或

$$\prod_{1,3,4,11}(Book\_Information)$$

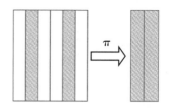

图 2 - 2　投影图例

【例 2 - 12】在表 2 - 2 的关系中查询价格小于 100 的书籍编号、书名、作者和价格。可以表示为：

$$\sigma_{Price<100}(\prod_{BookID,BookName,Author,Price}(Book\_Information))$$

或

$$\prod_{BookID,BookName,Author,Price}(\sigma_{Price<100}(Book\_Information))$$

其结果如表 2 - 12 所示。

表 2 - 12　例 2 - 11 查询结果

书籍编号 BookID	书名 BookName	作者 Author	价格 Price
K0001	数据分析及 EXCEL 应用	王斌会	52.00
K0006	数据库原理及应用	杨雁莹	58.00

3. 连接（Join）

连接又称 θ 连接，它是从两个关系的广义笛卡尔积中选取属性间满足给定 θ 条件的元组。

（1）一般连接。从 R 和 S 的笛卡尔积 $R\times S$ 中，选取关系 R 在 A 属性组上的值与关系 S 在 B 属性组上的值，满足比较关系 θ 的元组，其中 A、B 分别是 R 和 S 上度数相等且可比的属性组，具体步骤是要先求 $R\times S$，再从中按 θ 条件选取部分元组。

（2）等值连接。θ 为 " $=$ " 的连接运算称为等值连接。它是从关系 R 和 S 的笛卡尔积中选取 A、B 属性值相等的那些元组。

（3）自然连接。自然连接是一种特殊的等值连接，它要求两个关系中进行比较的属性组必须相同，并且在结果中将重复的属性去掉。一般的连接操作是从行的角度进行运算的，但自然连接还需要取消重复列，所以是同时从行和列的角度进行运算的。自然连接的计算步骤一般是先计算 $R\times S$，然后选取满足自然连接条件的元组，最后去掉重复的属性列。

表 2 - 13 展示了以上三种连接操作。

表 2-13 关系 R、S 的连接操作

关系 R		
书籍编号	书名	价格
K0001	数据分析及 EXCEL 应用	52.00
K0002	群体智能与大数据分析技术（2018 年）	763.98
K0003	MySQL 8 从入门到精通（视频教学版）	128.00

关系 S		
书籍编号	作者	出版日期
K0001	王斌会	2021-03-01
K0002	陶 乾	2018-04-01
K0003	王英英	2019-06-01

一般连接（θ 代表 "R. 书籍编号 $\geq$ S. 书籍编号"）

R. 书籍编号	书名	价格	S. 书籍编号	作者	出版日期
K0001	数据分析及 EXCEL 应用	52.00	K0001	王斌会	2021-03-01
K0002	群体智能与大数据分析技术（2018 年）	763.98	K0002	陶 乾	2018-04-01
K0002	群体智能与大数据分析技术（2018 年）	763.98	K0002	陶 乾	2018-04-01
K0003	MySQL 8 从入门到精通（视频教学版）	128.00	K0003	王英英	2019-06-01
K0003	MySQL 8 从入门到精通（视频教学版）	128.00	K0003	王英英	2019-06-01
K0003	MySQL 8 从入门到精通（视频教学版）	128.00	K0003	王英英	2019-06-01

等值连接（θ 代表 "R. 书籍编号 = S. 书籍编号"）

R. 书籍编号	书名	价格	S. 书籍编号	作者	出版日期
K0001	数据分析及 EXCEL 应用	52.00	K0001	王斌会	2021-03-01
K0002	群体智能与大数据分析技术（2018 年）	763.98	K0002	陶 乾	2018-04-01
K0003	MySQL 8 从入门到精通（视频教学版）	128.00	K0003	王英英	2019-06-01

自然连接（取消重复列）

书籍编号	书名	价格	作者	出版日期
K0001	数据分析及 EXCEL 应用	52.00	王斌会	2021-03-01
K0002	群体智能与大数据分析技术（2018 年）	763.98	陶 乾	2018-04-01
K0003	MySQL 8 从入门到精通（视频教学版）	128.00	王英英	2019-06-01

以下是结合【例 2-1】的网上书店关系模型展示连接查询的实例。

【例 2-13】查询 2022001 号订单购买的书名及其下单数量。可以表示为：

$$\prod_{BookName, Quantity} \left(\sigma_{Book\_Information.BookID = Order\_Information.BookID \wedge OrderID = "2022001"} \left(Book\_Information \times Order\_Information \right) \right)$$

【例 2 – 14】查询书名、作者及出版社名称。可以表示为：

$$\prod_{BookName,Author,PressName} (\sigma_{Book\_Information.PressID = Press\_Information.PressID} (Book\_Information \times Press\_Information))$$

4. 除（Division）

给定关系 R（M，N）和 S（N），其中 M，N 为属性组。R 中的 N 和 S 中的 N 属性名可以不同，但必须出自相同的域，即 S 的属性集合是 R 的属性集合的子集。

R 除以 S（记作 R/S 或 $R \div S$）的值是一个在属性组 M 上的关系，属性组 M 对应的元组在属性组 N 上的值都对应 S 中的所有元组，即 S 中的属性组 N 对应的元组出现在 R（M，N）元组中。如图 2 – 3 所示。

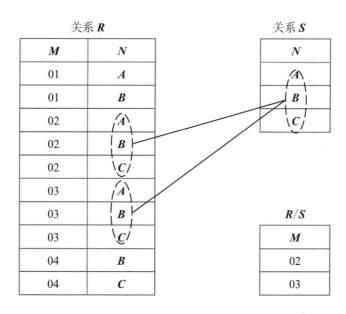

图 2 – 3 除运算示例

【例 2 – 15】根据例 2 – 1 的网上书店关系模型，查询购买暨南大学出版社出版的书籍的订单号。如图 2 – 4 所示。

①暨南大学出版社出版的书籍编号可以表示为关系 S。

②购买暨南大学出版社出版的书籍的订单用关系代数表示为：$Order\_Information \div S$

③求购买暨南大学出版社出版的书籍的订单号，将②计算出来的结果投影到属性 $OrderID$ 上，用关系代数表示为：$\prod_{OrderID} (Order\_Information \div S)$

关系 Order_Information		
订单号 OrderID	书籍编号 BookID	下单数量 Quantity
2022001	K0001	2
2022002	K0002	1
2022003	K0003	3

关系 S
书籍编号 BookID
K0001
K0002

$$\prod_{OrderID}\left(Order\_Information \div S \right)$$

订单号 OrderID
2022001
2022002

图 2 - 4　例 2 - 15 图示

2.3　关系数据库的完整性

2.3.1　完整性概念与作用

1. 概念

数据库完整性是指数据库中数据的正确性、有效性和相容性（一致性）。设计数据库的一个重要步骤就是保证数据的完整性。

数据库完整性由各种各样的完整性约束来保证，因此可以说数据库完整性设计就是数据库完整性约束的设计。数据库完整性约束可以通过 DBMS 或应用程序来实现，基于 DBMS 的完整性约束可作为模式的一部分被存入数据库中。

2. 作用

数据库完整性对于数据库应用系统非常关键，其作用主要体现在以下几个方面：

①数据库完整性约束能够防止合法用户使用数据库时向数据库中添加不合语义的数据。

②利用基于 DBMS 的完整性控制机制来实现业务规则，易于定义，容易理解，而且可以降低应用程序的复杂性，提高应用程序的运行效率。同时，由于 DBMS 的完整性控制机制是集中管理的，因此其比应用程序更容易实现数据库的完整性。

③合理的数据库完整性设计，能够同时兼顾数据库的完整性和系统的效能。比如装载大量数据时，只要在装载之前临时使基于 DBMS 的数据库完整性约束失效，此后再使其生效，就能保证既不影响数据装载的效率又能保证数据库的完整性。

④在应用软件的功能测试中，完善的数据库完整性有助于尽早发现应用软件的错误。

2.3.2 完整性约束的类型

完整性约束主要有四种类型：实体完整性（Entity Integrity）、参照完整性（Referential Integrity）、域完整性（Domain Integrity）、用户定义完整性（User-defined Integrity）。

实施数据完整性有两种方式：声明数据完整性和过程数据完整性。声明数据完整性就是通过在对象定义中来实现。而过程完整性是通过在脚本语言中定义来实现的，当执行这些脚本时就可以强制完整性的实现。本节着重介绍声明数据完整性，具体的实施途径请参考表 2 – 14。

表 2 – 14　数据完整性的实施途径

数据完整性类型	实施途径	数据完整性类型	实施途径
实体完整性	PRIMARY KEY UNIQUE KEY UNIQUE INDEX IDENTITY COLUMN	参照完整性	FOREIGN KEY CHECK TRIGGERS PROCEDURE
域完整性	DEFAULT CHECK FOREIGN KEY DATA TYPE RULE	用户定义完整性	RULE TRIGGERS PROCEDURE CREATE TABLE 中的全部列级和表级约束

1. 实体完整性

本章第一节曾介绍过，实体完整性要求主键不能为空值，即单列主键不接受空值，复合主键的任何列也不接受空值，其目的就是保证数据库表中的每一个元组都是唯一的。实体完整性可以定义在表级，也可以定义在列级，但是当表的主键是复合主键时，实体完整性就必须定义在表级。

【例 2 – 16】创建一张用户表（User_List），主键是用户号（UserID）。

```
1.  CREATE TABLE User_List(
2.     UserID number(6) PRIMARY KEY,     /*主键定义在列级*/
3.     Account varchar(20)NOT NULL UNIQUE,
4.     …
5.     …    /*这里略去中间字段的定义*/
6.     …
7.     Tel number(15)
8.  );
```

或者

```
1.  CREATE TABLE User_List(
2.      UserID number(6),
3.      Account varchar(20)NOT NULL UNIQUE,
4.      …
5.      …
6.      …
7.      Tel number(15),
8.      PRIMARY KEY(UserID)
9.  );  /*主键定义在表级 */
```

【例 2 - 17】创建一张订单信息表（Order_Information），主键为订单号（OrderID）和书籍编号（BookID）。

```
1.  CREATE TABLE Order_Information(
2.      OrderID number(10),
3.      BookID number(15),
4.      BookName varchar(20),
5.      Quantity number(5),
6.      OrderTime date,
7.      PRIMARY KEY(OrderID, BookID)
8.  );  /*主键必须定义在表级*/
```

如果在创建表时未定义主键，可以用 ALTER TABLE 语句添加。

【例 2 - 18】给用户表（User_List）添加主键。

```
1.  ALTER TABLE User_List ADD PRIMARY KEY（UserID）;
```

2. 参照完整性

参照完整性定义的是表与表之间的联系，目的是确保关联的表之间的数据保持一致，即不允许在一个关系中引用在另一个关系中不存在的元组。参照完整性既可以定义在表级，也可以定义在列级。

【例 2 - 19】创建订单信息表（Order_Information），主键为订单号（OrderID）和书籍编号（BookID），外键为订单号（OrderID）和书籍编号（BookID）。

```
1.  CREATE TABLE Order_Information(
2.      OrderID number(10),
3.      BookID number(15),
4.      BookName varchar(20),
5.      Quantity number(5),
6.      OrderTime date,
7.      PRIMARY KEY(OrderID, BookID)
8.      FOREIGN KEY(OrderID) REFERENCES Order_List(OrderID)
9.      FOREIGN KEY(BookID) REFERENCES Book_Information(BookID)
10. );  /*外键定义在表级*/
```

或者

```
1.  CREATE TABLE Order_Information(
2.      OrderID number(10)REFERENCES Order_List(OrderID),  /*外键定义在列级*/
3.      BookID number(15)REFERENCES Book_Information(BookID),
4.      BookName varchar(20),
5.      Quantity number(5),
6.      OrderTime date,
7.      PRIMARY KEY(OrderID, BookID)
8.  );
```

在定义参照完整性时要注意，必须先定义主表（被参照表），因为只有被参照表关系建立后，参照关系才能存在。

如果在创建表时未定义参照完整性，可以用 ALTER TABLE 语句添加参照完整性。

【例 2 - 20】添加订单信息表（Order_Information）的参照完整性约束。

```
1.  ALTER TABLE Order_Information
2.  ADD FOREIGN KEY(OrderID)REFERENCES Order_List(OrderID);
3.  ALTER TABLE Order_Information
4.  ADD FOREIGN KEY(BookID) REFERENCES Book_Information(BookID);
```

3. 域完整性

域完整性是指数据表中列的数据有正确的数据类型、格式和有效的数据范围，用于保证给定字段中数据的有效性，即保证数据的取值在有效的范围内。例如：用户性别只能是男和女、年龄不能为负值、书籍价格要大于 0 等。

【例 2 - 21】若将订单信息表（Order_Information）中的订单号设为 char(8) 类型，则表示订单号须由 8 位字符组成，少于或超过 8 位、带有非有效字符均是无效订单，这是限制类型的方法。

4. 用户定义完整性

不同的数据库系统根据应用环境的不同，需要对其数据实施一些特殊的约束条件，因此用户可以自行定义具体环境下的数据约束条件。

通常用户在建表时可以定义以下三种完整性约束或添加完整性约束：

（1）列值非空（NOT NULL）。

（2）列值唯一（UNIQUE）。

（3）列值是否满足一个布尔表达式（CHECK）。

例 2 - 22 定义了一个用户定义完整性，以保证折扣价必须小于等于原始价格。

【例 2 - 22】建立书籍信息表 Book_Information（BookID，ISBN，BookName，Author，

PressID，PublishDate，Pages，Edition，CategoryID，TotalNum，Price，DiscountPrice）。

```
1.   CREATE TABLE Book_Information(
2.       BookID number(15) PRIMARY KEY,
3.       ISBN varchar(20) NOT NULL UNIQUE,
4.       BookName varchar(20),
5.       Author varchar(20),
6.       PressID varchar(2),
7.       PublishDate date,
8.       Pages number(5) CONSTRAINT C3 CHECK(Pages>0),
9.       Edition smallint
10.      CategoryID varchar(10),

11.      TotalNum int,
12.      Price number(5,2)CONSTRAINT C1 CHECK (Price>0),
13.      DiscountPrice number(5,2)CONSTRAINT C2 CHECK (DiscountPrice>0),
14.      FOREIGN KEY(PressID)REFERENCES Press_Information(PressID),
15.      FOREIGN KEY(CategoryID)REFERENCES Book_Category(CategoryID),
16.      CONSTRAINT C4 CHECK(DiscountPrice<= Price)
17. );
```

2.3.3　完整性约束的表现形式

完整性约束条件作用的对象可以是列、元组、关系三种。其中列级约束主要是关于列的类型、取值范围、精度、排序等的约束条件；元组约束是关于元组中各个字段间的联系的约束；关系约束（表级约束）是关于若干元组间、关系集合上以及关系之间的联系的约束。

而完整性约束条件涉及的这三类对象，其状态可以是静态的，也可以是动态的。所谓静态约束是指数据库每一种确定状态时的数据对象所应满足的约束条件，它是反映数据库状态合理性的约束，这是最重要的一类完整性约束。动态约束则是指数据库从一种状态转变为另一种状态时新、旧值之间所应满足的约束条件，它是反映数据库状态变迁的约束。

完整性检查是围绕这些完整性约束条件进行的，综上所述，可以将完整性约束的表现形式分为六类，如表 2-15 所示。

表 2-15　完整性约束的表现形式

作用对象	静态约束	动态约束
约束	静态列级约束	动态列级约束
元组	静态元组约束	动态元组约束
关系	静态关系约束	动态关系约束

1. 静态约束

（1）静态列级约束。它是对一个列的取值域的说明，是最常用也是最容易实现的一类完整性约束，它包括对数据类型的约束（数据的类型、长度、单位、精度等）、数据格式的约束、取值范围或取值集合的约束、空值的约束等。如例 2 - 22 中对 BookName 的声明规定了书名不能超过 20 个字符，而对 ISBN 的声明则规定了该属性值不能为空。

（2）静态元组约束。一个元组是由若干个列值组成的，静态元组约束就是规定元组的各列之间的约束关系。如发货量不能超过订货量，发货时间不能早于下单时间，书籍折扣价不能高于原价等。

（3）静态关系约束。一个关系的各个元组之间或若干关系之间存在的各种联系或约束就是静态关系约束，它包括实体完整性约束、参照完整性约束（外键约束）、函数依赖约束、统计约束。如例 2 - 22 中把 BookID 声明为主键，把 PressID 和 CategoryID 声明为外键。

2. 动态约束

（1）动态列级约束。它包括两类，一是修改列定义时的约束，如当把允许空值的列改为不允许空值时，如果该列目前存在空值，则拒绝修改；二是修改列值时的约束（新旧值之间需要满足某种约束条件），如图书新价格调整不得低于原来价格。

（2）动态元组约束。它是指修改元组值时，元组中各个字段间需要满足某种约束条件，如图书价格调整时新价格不得低于原来折扣价的 2 倍。

（3）动态关系约束。它是指加在关系变化前后状态上的限制条件。

2.4　范式理论

2.4.1　数据依赖与范式

1. 数据依赖

一个不合理的数据库逻辑设计可能会导致数据冗余、信息内容无效、数据不一致、更新异常、插入异常、删除异常等问题。产生这些问题的原因以及消除的方法都与数据依赖的概念有紧密联系。

关系模型中各属性之间相互依赖、相互制约的关系就成为数据依赖。数据依赖是可以作为关系模式的取值的任何一个关系所必须满足的一种约束条件，是通过一个关系中数据间值的相等与否体现出来的相互关系。它一般可分为函数依赖、多值依赖和连接依赖。

（1）函数依赖。函数依赖是最常接触到的，本节会对此概念进行详细讲解。

（2）多值依赖。在关系模式中，函数依赖不能表示属性值之间的一对多联系，虽然有些属性值之间没有直接关系，但存在间接的关系。把没有直接联系但有间接的联系的属性值称为多值依赖的数据依赖。

例如，书店网站的用户和图书之间没有直接联系，但用户和图书可通过订单或网购书籍的行为产生联系。又如，有这样一个关系（仓库管理员，仓库号，库存产品号），假设一个产品只能放到一个仓库中，但是一个仓库可以有若干个管理员，那么对应于一个（仓库管理员，库存产品）有一个仓库号，而实际上，这个仓库号只与库存产品号有关，与管理员无关，这就是多值依赖。

多值依赖属第四范式的定义范围，比函数依赖要复杂得多。

（3）连接依赖。连接依赖是多值依赖的推广。简单举例来说，设有供应关系 $PBO\ \{P\#,B\#,O\#\}$，其中 $P\#$、$B\#$ 和 $O\#$ 分别表示出版社编号、图书编号和订单编号。令 $PB=\{P\#,B\#\}$、$BO=\{B\#,O\#\}$ 和 $OP=\{O\#,P\#\}$，则有连接依赖 (PB,BO,OP) 在 PBO 上成立。

因此，多值依赖是模式的无损分解集合中只有两个分解元素的连接依赖，是连接依赖的特例。连接依赖属第五范式的定义范围。

由于本书只着重讲解第一、第二和第三范式，以下只对函数依赖适当展开讨论，关于多值依赖和连接依赖的相关详细内容可根据需要参考其他书籍。

2. 函数依赖

（1）函数依赖的概念。函数依赖是指同一关系中各属性或属性组之间的相互依赖关系，类似于变量之间的单值函数关系，它是最重要的数据依赖，也是关系规范化的理论基础。

函数依赖的定义为：对于 X 的每一个具体值，Y 都有唯一的具体值与之对应，则称 Y 函数依赖于 X，或 X 函数决定 Y，X 称为决定因素。

其中，如果 $X{\rightarrow}Y$ 且 Y 不是 X 的子集，则称 $X{\rightarrow}Y$ 是非平凡的函数依赖；如果 Y 是 X 的子集，则称 $X{\rightarrow}Y$ 是平凡的函数依赖。

【例 2-23】在书籍信息（书籍编号，ISBN，书名，作者，出版社编号，出版日期，页数，版本，分类编号，库存数量，价格，折扣价）中，书籍的"书籍编号"确定了，其"书名""作者"等就随之确定了。因而称"书籍编号"是决定因素，它"函数决定"了"书名"等属性的内容，而"书名"等内容则"函数依赖"于"书籍编号"。

在函数依赖 $X{\rightarrow}Y$ 中，从 X 的值应该知道与之对应的唯一 Y 值，但若 X 不含主键，就会产生各种问题。在一个关系中，不可能存在两个不同的元组在主键属性上取值一样，也不可能存在主键或主键的一部分为空值的元组。若某关系模型的属性间有函数依赖 $X{\rightarrow}Y$，而 X 又不包含主键，那么在具有相同 X 值的所有元组中，Y 值就会不断地重复，导致数据冗余的出现，随之而来的是更新异常的问题；若某个 X 值与某个特定的 Y 值相联系，由于 X 不含主键，这种 X 与 Y 相联系的信息可能会因为主键或主键的部分值为空而不能作为一个合法的记录在数据库存在，从而导致出现插入异常和删除异常的问题。

（2）函数依赖的类型。函数依赖的类型主要有完全函数依赖、部分函数依赖以及传递函数依赖三种。

设 $X{\rightarrow}Y$ 是关系模型的一个函数依赖，如果存在 X 的真子集 X'，使 $X'{\rightarrow}Y$ 成立，则称

Y 部分依赖于 X，否则称 Y 完全依赖于 X。

一般来说，部分函数依赖只有当决定因子是组合属性时才有意义，当决定因子是单属性时就只能是完全函数依赖。

【例 2 - 24】在订单信息（订单号，书籍编号，书名）中，主键为订单号和书籍编号，则有函数依赖关系：书籍编号→书名，而"书籍编号"只是主键（订单号，书籍编号）中的一部分，因而发生了部分函数依赖。

传递函数依赖的定义为：在同一关系模型中，如果存在非平凡的函数依赖 $X{\rightarrow}Y$、$Y{\rightarrow}Z$，而不存在 $Y{\rightarrow}X$，则称 Z 传递依赖于 X。

【例 2 - 25】在关系（书籍编号，书名，作者，作者简介）中，有如下函数依赖：书籍编号→书名、书名→作者、作者→作者简介，所以"作者简介"传递依赖于"书籍编号"。

3. 范式的概念及作用

在关系数据库的设计过程中，对于同一个问题，选用不同的关系模式，其性能的优劣是大不相同的，为了区分关系模式的优劣，人们常常把关系模式分为各种不同等级的范式（Normal Form，NF）。所谓范式，就是关系模型要满足的一定条件，此约束已经形成了规范。满足这些规范的数据库的结构会更加简洁明晰，避免或减少了各种操作异常，反之不仅会给数据库的编程人员制造麻烦，而且可能导致数据库存储了大量的冗余信息。如果一个系统在数据库设计阶段没有规范化，在使用和维护阶段就会后患无穷。

目前关系数据库分成六个等级：第一范式（1NF）、第二范式（2NF）、第三范式（3NF）、巴德斯科范式（BCNF）、第四范式（4NF）和第五范式（5NF，又称完美范式）。各种范式呈递次规范，一级比一级要求得严格，越高的范式数据库冗余越少，而且规则是要累加的，如要满足第三范式就必须要先满足第一范式和第二范式。

关系规范化就是一个将低级范式转换为若干个高级范式的过程，一般来说，数据库的规范化在实用中达到三级范式就可以了。

2.4.2 第一范式

第一范式，即每个属性值都是不可再分的最小数据单位。关系模型的最低要求是元组的每个分量必须是不可再分的数据项，这是最基本的规范化。数据库理论研究的都是规范化关系，其他不是第一范式的关系被称为非规范化关系。

【例 2 - 26】判断下面哪一张表符合第一范式。

订单信息_1	
订单号	书名
2022004	数据库基础、数据库系统原理、电子商务数据库技术
2022005	网络数据库应用、数据库系统原理

订单信息_2	
订单号	书名
2022004	数据库基础
2022004	数据库系统原理
2022004	电子商务数据库技术
2022005	网络数据库应用
2022005	数据库系统原理

明显，订单信息_2才符合第一范式，每个属性值都是不可再分的数据项。

2.4.3 第二范式

第二范式，即在第一范式的基础上进一步增加规则，规定关系的每一个非主属性完全依赖于主键。第二范式就是不允许关系模型的属性之间有这样的函数依赖 $X \rightarrow Y$，其中 X 是主键的真子集，Y 是非主属性，也就是不允许有非主属性对主键的部分函数依赖。

【例2-27】用户列表（用户号，账号，密码，姓名，性别，地址，邮编，电话，Email）中"账号"和"姓名"不允许重名。判断其是否符合第二范式。

分析该关系模式可知候选键是"用户号"或"账号"，其他为非主属性，因此可以选择"账号"作为主键。关系模式存在以下的函数依赖关系：账号→（密码，姓名，性别，地址，邮编，电话，Email）、用户编号→（账号，密码，姓名，性别，地址，邮编，电话，Email），不存在非主属性对关键字的部分函数依赖，属于第二范式。

通常分解为第二范式的方法：

（1）把关系模式中对主键完全函数依赖的非主属性与决定它们的主键放在一个关系模式中。

（2）把对主键部分函数依赖的非主属性和决定它们的主属性放在一个关系模式中。

（3）检查分解后的新模式，如果仍不是2NF，则继续按照前面的方法进行分解，直到达到要求。

【例2-28】订单信息（订单号，书籍编号，书名，作者，出版日期，出版社名称，出版社地址，出版社电话，价格，下单时间，数量）是否符合第二范式？如不符合，试将其分解以符合第二范式。

分析该关系模式，可知主键为复合键，即"订单号"和"书籍编号"。但它并不符合第二范式，因为"书名""作者""出版日期""出版社名称""出版社地址""出版社电话"、"价格"等与主键是部分函数依赖,即只依赖于"书籍编号"。

若要按第二范式分解,应该分解为:书籍(书籍编号,书名,作者,出版日期,出版社名称,出版社地址,出版社电话,价格),订单(订单号,书籍编号,下单时间,数量)。

按第二范式分解后形成的关系模式解决了第一范式中存在的非主属性对主键的部分函数依赖,规范化程度更高了一点,但有时还会存在问题。如以分解后得到的关系"书籍"来说,还存在数据存储冗余、插入异常、更新异常、删除异常等问题。

(1) 数据冗余。由于出版社名称→(出版社地址、出版社电话)的存在会使关系模式存在数据冗余,例如该关系中有50本北京电子工业出版社的书,那么"出版社地址""出版社电话"属性的值将会有50个都是相同的。

(2) 插入异常。如果目前该关系中还没有清华大学出版社的书籍,那么有关清华大学出版社的地址和电话信息也无法保存。

(3) 更新异常。当更换出版社的电话时,需要修改多个元组的"出版社电话"的值。

(4) 删除异常。当需要删除某个出版社的信息时,会同时删除所有这个出版社的书籍信息。

原因在于在这个关系中,还有一个非主属性对关键字的传递函数依赖存在。要解决这些问题需要进一步对这个关系进行第三范式的规范化。

2.4.4 第三范式

第三范式,即在第二范式的基础上进一步增加规则,规定每一个非主属性都不传递依赖于某个候选键。

第三范式就是不允许关系模型的属性之间有这样的非平凡函数依赖 $X \rightarrow Y$,其中 X 不包含键,Y 是非主属性。X 不包含键有两种情形:一种是 X 是主键的真子集,这是第二范式所不允许的;另外一种是 X 不是主键的真子集,这是第三范式所不允许的。

【例 2-29】判断书籍信息(书籍编号,书名,作者,出版日期,出版社名称,出版社地址,出版社电话,价格)是否符合第三范式。

分析该关系模式,可判断并不符合第三范式,因为存在如下传递依赖关系:书籍编号→出版社名称,出版社名称→(出版社地址,出版社电话)。

通常分解为第三范式的方法:
(1) 把直接对主键函数依赖的非主属性与决定它们的主键放在一个关系模式中。
(2) 把造成传递函数依赖的决定因素连同被它们决定的属性放在一个关系模式中。
(3) 检查分解后的新模式,如果不是 3NF,则继续按照前面的方法进行分解,直到达到要求。

若要按第三范式分解，应该分解为：书籍（书籍编号，书名，作者，出版日期，出版社名称，价格）、出版社（出版社名称，出版社地址，出版社电话）。

综上，可以总结出各范式间的关系，如图2-5所示。

图2-5　各范式之间的关系

第3章　数据库设计

数据库设计是根据用户的需求，在某一具体的数据库管理系统上设计数据库的结构和建立数据库的过程。数据库设计是建立数据库及其应用系统的技术，是开发和建设信息系统的核心技术。本章在讲解数据库设计的一般方法和过程的基础上，分别依次介绍需求分析、概念结构设计、逻辑结构设计和物理结构设计等相关内容。

3.1　数据库设计概述

3.1.1　数据库设计的目的

数据库设计的目标是为用户和各种应用系统提供一个高效率的运行环境，该效率包括了数据库的存取效率和存储空间的利用率两个方面。也就是说，数据库设计就是把给定的现实世界的数据，根据处理要求合理地组织，逐步抽象成已经选定的某个数据库管理系统所能定义和描述的具体数据结构的过程，根据这一结构建立起既可以反映现实世界中信息之间的联系、满足应用系统各个应用的处理要求，又可以被某个 DBMS 所接受的数据库。

3.1.2　数据库设计方法

目前，数据库的设计方法主要分为三类，即直观设计法、规范设计法和 ODL 设计法。在实际的设计过程中，各种方法可以结合起来使用，以便达到最好的设计效果。

1. 直观设计法

这是最早使用的数据库设计方法，也被称为手工设计法，是一种完全依赖于设计者的经验和技巧，在数据库运行的过程中对问题反复修改的方法。因此，采用此类方法的设计，其设计质量与设计人员的经验和水平有直接关系，若缺乏科学理论和工程方法的支持，工程的质量难以保证。同时，当数据库运行一段时间后常常会出现各种不同程度的问题，进而要付出较大的系统维护成本，由于该方法在稳定性方面也很欠缺，因此越来越不适应信息管理发展的需要了。

2. 规范设计法

（1）新奥尔良方法。为了改善直观设计法的不足，多个数据库专家聚集在美国新奥尔良市，专门讨论了数据库的设计问题，提出了新的数据库设计工作规范，即新奥尔良方法。该方法将数据库设计分为需求分析、概念分析、逻辑分析和物理设计四个阶段，并采用一些辅助手段帮助实现每一过程。目前，常用的规范设计方法大多数都来源于新奥尔良法。

（2）基于 E－R 模型（实体联系）的数据库设计方法。基于 E－R 模型的数据库设计方法的基本思想是在需求分析的基础上，用 E－R（实体—联系）图构造一个反映现实世界实体之间内在联系的概念模型，然后再将概念模型进一步转换成基于某一特定的 DBMS 的逻辑模型。这是数据库概念设计阶段广泛采用的方法。

（3）基于 3NF（第三范式）的数据库设计方法。基于 3NF 的数据库设计方法的基本思想是在需求分析的基础上，采用关系数据库理论指导逻辑模型设计。3NF 的数据库设计方法要求先识别和确定数据库模式中的全部属性和属性间的依赖关系，将它们组织在一个单一的关系模式中，然后再分析模式中不符合 3NF 的约束条件，将它进行投影分解和连接分解，规范成若干个 3NF 关系模式的集合。这是设计关系数据库时在逻辑阶段可以采用的一种有效方法。

（4）基于视图的数据库设计方法。先从分析各个应用的数据着手，为每个应用建立自己的视图，然后再把这些视图汇总在一起合并成整个数据库的概念模式。合并时在消除了命名冲突和冗余后，需要对整个汇总模式进行调整，使其满足所有完整性约束条件。

除了这些方法外，规范化设计还有其他不同的方法，这里不再一一介绍。但从本质上来说，规范设计法仍是手工设计方法，其基本思想是过程迭代和逐步求精。

3. ODL 设计法

ODL（Object Definition Language）是面向对象的数据库设计方法，用面向对象的概念和术语来说明数据库结构。通过将对象模型映射成表，如：将单个对象映射成表，将对象间的二元关联映射成表，将对象间的继承关系映射成表等方法可以使对象模型向数据库结构进行转化。

3.1.3　数据库设计过程

数据库设计的过程主要分为六个阶段，如图 3－1 所示。

①需求分析：需求分析就是收集和分析用户的需求，它是设计数据库的起点，也是最困难、耗时最长的一步。这个阶段需要调查和分析用户的业务活动与数据使用情况，明确所用数据的类型、范围、数量等，确定用户对数据库系统的使用要求和各种约束条件。

②概念结构设计：概念设计阶段是整个数据库设计的关键，在此设计过程中通过对用户需求进行分类、综合和概括，逐步建立抽象的概念数据模型。

③逻辑结构设计：逻辑结构设计的主要工作就是将概念结构转换为一种适应于某种特定数据库管理系统所支持的逻辑结构模型，并对其进行优化。要实现逻辑结构设计就必须依赖于具体的 DBMS。

④物理结构设计：物理结构设计是为逻辑结构模型选取一个最适合应用环境的物理结构，包括存储结构、存取方法和存取路径等。

⑤数据库实施：在该阶段，设计人员运用 DBMS 提供的数据库语言，根据逻辑设计和物理设计的结果建立数据库，组织数据入库，进行数据库应用系统的开发和试运行。

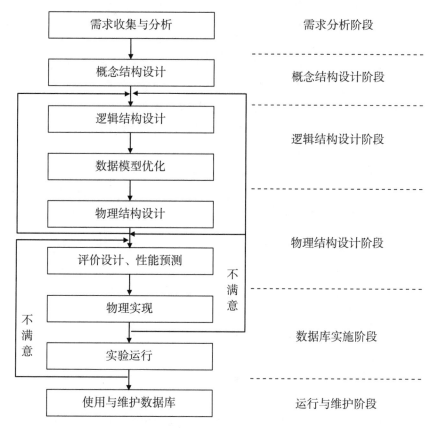

图 3 - 1　数据库设计步骤

⑥运行与维护：数据库应用系统经过调试后即可投入正式运行，此时维护数据库的工作便要开始。设计一个完善的数据库应用系统不可能一蹴而就，它往往是这六个阶段的不断反复。需要根据变化，对数据进行安全性和完整性的控制，监督系统运行，分析数据，不断改进系统性能。

3.2　需求分析

3.2.1　需求分析的目的和任务

需求分析的目标是准确了解系统的应用环境，明确并分析用户对数据及数据处理的需求。需求分析的任务是通过详细调查现实世界要处理的对象（组织、部门、企业等），充分了解原系统（手工系统或计算机系统）的工作概况，从各方面收集和分析各项应用对信息和处理两方面的需求，然后在此基础上确定新系统的功能。这一阶段收集到的基础数据和一组数据流图（Data Flow Diagram，DFD）是其余各阶段的基础，是整个数据库设计过程中最重要的步骤之一。

3.2.2　需求分析的内容

需求分析主要包括用户需求调查和用户需求分析与表达等内容。用户需求调查是明确用户在数据管理中的信息要求、处理要求、安全性与完整性要求等，与用户达成共识，准确掌握需求目标。用户需求分析与表达则是在用户需求调查的基础上，通过结构化的方法来准确描述数据、处理过程等相互关系，以及充分了解原系统的工作概况，并结合新的需求来确定新系统的功能。

1. 用户需求调查

（1）调查重点。需求分析阶段调查的重点是"数据"和"处理"，主要了解和分析的内容包括：

①信息要求。即用户需要从数据库中获得信息的内容与性质，设计人员据此判断数据库中需要存储哪些数据，导出数据要求。

②处理要求。即用户要完成什么处理功能，对处理的响应时间有哪些要求，处理的方式是批处理还是联机处理等。

③安全性和完整性要求。即用户对系统信息的安全性要求等级以及信息完整性的具体要求。

（2）调查内容。调查需求的主要内容有：

①调查组织机构情况及其业务和职能，为分析信息流程做准备。

②调查各部门的业务活动情况及部门之间的业务联系，包括了解各个部门输入和使用什么数据，如何处理这些数据，输出什么信息，输出结果的格式是什么，等等。

③了解业务活动中需要的数据和数据加工流程。

④在熟悉业务活动的基础上，协助用户明确对新系统的具体要求，确定新系统的边界。

⑤进行市场调研，分析系统风险。

（3）调查方法。在调查过程中，根据不同的问题和条件可以选择运用适合的方法，常常用到的方法有：

①跟班作业，亲身参与业务流程，了解活动情况。

②开调查会，与用户进行座谈交流，进一步了解业务活动情况及用户需求。

③请专人介绍，如业务部门领导者或产品相关负责人将需求与实际情况进行介绍和答疑。

④对某些具体问题可向专人进行询问，征求其意见。

⑤设计调查表请用户填写。

⑥查阅与原系统有关的数据记录。

2. 用户需求分析与表达

在调查清楚用户的需求后，还需要继续分析和表达用户的需求。分析和表达用户需求主要有自顶向下和自底向上两种方法。自顶向下的结构化分析（Structured Analysis，

SA）是一种较为简单的方法，它从最上层的系统组织机构入手，通过逐层分解来分析系统，并用数据流图和数据字典描述系统，把任何一个系统都抽象为如图 3 - 2 所示的形式。

数据流图表达了数据和处理过程的关系。在 SA 方法中，处理过程的处理逻辑通常借助判定表或判定树来描述，而系统中的数据则借助数据字典来描述。对数据库设计来讲，数据字典是进行详细的数据收集和数据分析所获得的主要结果。

图 3 - 2 只是系统高层抽象图，如果要反映更详细的内容，可以将处理功能分解为若干个子功能，而每个子功能又能继续分解，直到把系统工作过程表示清楚为止。在这个过程中，每一个细小的功能模块所用的数据也会逐级分解，形成若干个层次的数据流图。

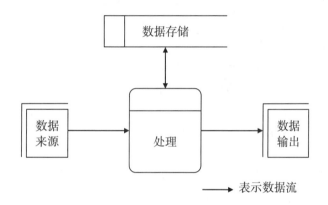

图 3 - 2 系统高层抽象图

3.2.3 数据流图

数据流图（Data Flow Diagram，DFD）就是采用图形的方式从"数据"和"处理"两个方面来表达数据处理过程，是结构化系统分析方法的主要表达工具及用于表达系统逻辑模型的一种常用的图示方法，所以说它是一种功能模型。

在数据流图中，一些基本符号的含义如下：

表示数据的外部实体；

表示变换数据的处理逻辑；

表示数据的存储；

⟶ 表示数据流。

【例 3 - 1】网上书店模型的需求文档及其数据流图。

（1）网上书店需求文档的数据库部分。

①保存在数据库中的信息有"用户信息""书籍信息""订单信息""订单细节"。其他的保存在数据库的信息还有"出版社信息""书籍类别""送货方式信息"等。

A. 用户记录：每一个用户都用唯一的一个"用户号""账号""密码""姓名""性别""地址""邮编""电话""Email"。通过"用户号"和"密码"可鉴定用户。

B. 书籍记录：记录相关书籍的基本信息，包括"书籍编号""ISBN""书名""作者""出版社编号""出版日期""页数""版本""分类编号""库存数量""价格""折扣价"等。

　·一本书可以由多个用户订购。

　·一个用户可以订购多本书。

　·每一本书都属于一个特定的出版社。

　·每一本书都属于一个特定的书目类别。

C. 订单记录：记录用户的订购信息，包括"订单号""书籍编号""书名""下单时间""下单数量"等。

　·需要确定用户的下单时间。

　·订单的送货方式。

　·用户的支付方式。

　·确认货物到达的时间和收货人的信息。

D. 订单细节记录：记录订单的详细信息，包括"订单号""下单时间""支付方式""用户号""送货编号""订单状态""发货时间""预计到达时间""收货人姓名""收货人地址""收货人电话""邮编"等。

　·根据细节内容，可以计算整个订单的价格。

　·根据细节内容，可以计算用户订购的总体数量。

E. 出版社信息：每本书籍都对应某一特定的出版社，记录了"出版社编号""出版社名称""电话""Email""地址""邮编""网址"等信息。

F. 书籍类别信息：记录了书籍所属的类别信息，包括"分类编号""类别名称""父类别编号"，每一条记录中都包含了其父类别的信息，如果没有父类别则设置为空。

G. 送货信息：订单进入确认状态，订货人必须填写收货人的信息，如"姓名""联系方式""收货地址"和"送货方式"等。

②完整性约束。

　·用户号必须是唯一的。

　·用户在购物车中的书籍，记入订单暂存状态。

　·同一个用户在同一次登录只能下一次订单。

　·用户订购某本书籍的数量不能大于书库中该书籍的数量。

　·发货的时间不能早于用户下单的时间，用户收货的时间不能早于发货的时间。

·书籍的父类别信息必须参照着书籍类别取值。

（2）网上书店是 B2C 模式，用户在网上书店可以浏览书店的书籍信息，将想要购买的商品放入购物车中并可查看购物车的信息。当用户选择购买时，填写送货信息及送货方式，确认订单。网上书店的 0 级数据流图如图 3-3 所示。

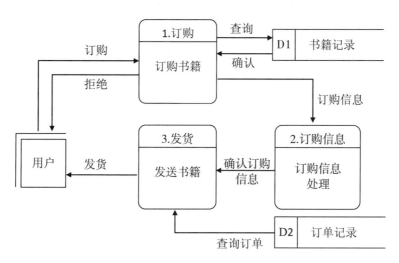

图 3-3　网上书店 0 级数据流图

3.2.4　数据字典

1. 数据字典的作用

数据流图表达了数据和处理的关系，数据字典则是系统中各类数据描述的集合。它是关于数据库中数据的描述，即元数据，而不是数据本身。在设计大型数据库时，用人工管理大量的元数据是非常困难的，也不便于查询和使用，一般用专用软件包或 DBMS 来管理这些数据。

数据字典最重要的作用是作为分析阶段的工具。任何字典最重要的用途都是供人查询不了解的条目解释。在结构化分析中，数据字典的作用是给数据流图上每个成分加以定义和说明。换句话说，数据流图上所有的成分的定义和解释的文字集合就是数据字典，而且在数据字典中建立一组严密一致的定义有助于改进分析员和用户之间的通信。

数据库数据字典不仅是每个数据库的中心，而且对每个用户也是非常重要的信息，用户可以用 SQL 语句访问数据库数据字典。

2. 数据字典的内容

数据字典通常包括数据项、数据结构、数据流、数据存储和处理过程五个部分。其中数据项是数据的最小组成单位，若干个数据项可以组成一个数据结构，数据字典通过对数据项和数据结构的定义来描述数据流、数据存储的逻辑内容。

（1）数据项。数据流图中数据块的数据结构中的数据项说明。

数据项是不可再分的数据单位，对数据项的描述通常包括以下的内容：

数据项描述 = ｛数据项，数据项含义说明，别名，数据类型，长度，取值范围，取值含义，与其他数据项的逻辑关系｝

其中，"取值范围""与其他数据项的逻辑关系"定义了数据的完整性约束条件，是设计数据库检验功能的依据。

【例 3 - 2】用户表中的用户号 UserID 数据项描述。

（1）数据项：用户号。

（2）数据项含义说明：唯一标识每一个用户。

（3）别名：用户编号。

（4）数据类型：字符型。

（5）长度：12。

（6）取值范围：000000000000 至 999999999999。

（7）取值含义：前 8 位表示用户注册的时间，后 4 位表示用户注册的流水号。

（8）与其他数据项的逻辑关系：该数据项是订单表的外键。

（2）数据结构。数据结构反映了数据之间的组合关系。一个数据结构可以由若干个数据项组成，也可以由若干个数据结构组成，或由数据项和数据结构混合组成。数据结构包括的内容定义如下：

数据结构描述 = ｛数据结构名，含义说明，组成：｛数据项或数据结构｝｝

【例 3 - 3】书籍信息表的数据结构。

（1）数据结构名：书籍。

（2）含义说明：定义了书籍的相关信息。

（3）组成：书籍编号，ISBN，书名，作者，出版社名称，出版社编号，出版日期，价格，页数，版本，内容简介，分类编号，数量。

（3）数据流。数据流是数据结构在系统内传输的路径，是对数据的动态描述。数据流包含以下各项：

数据流描述 = ｛数据流名，说明，数据流来源，数据流去向，组成：｛数据结构｝，平均流量，高峰期流量｝

其中，"数据流来源"是说明该数据流来自哪个过程，"数据流去向"是说明该数据流将去到哪个过程，"平均流量"指单位时间内（每天、每周、每月等）的传输次数，"高峰期流量"指高峰时期的数据流量。

【例 3 – 4】订购数据的数据流。

（1）数据流名：订购书籍结果。

（2）说明：用户订购书籍的最终结果信息。

（3）数据流来源：订购。

（4）数据流去向：订单。

（5）组成：订单、订单细节。

（6）平均流量：…

（7）高峰期流量：…

（4）数据存储。数据存储即数据在处理过程中停留或保存的地方，也是数据流的来源和去向之一。它可以是手工文档，也可以是计算机文档。数据存储包括的内容定义如下：

数据存储描述 = ｛数据存储名，说明，编号，流入的数据流，流出的数据流，组成：　　　　　　　　｛数据结构｝，数据量，存取方式｝

其中，"数据量"也称为存取频度，指单位时间内存取几次，每次存取多少数据等信息。"存取方式"则包括是批处理还是联机处理，是检索还是更新，是顺序检索还是随机检索等。

【例 3 – 5】订单表的数据存储描述。

（1）数据存储名：订单表。

（2）说明：记录用户订购书籍的基本信息。

（3）流入的数据流：用户订购的信息。

（4）流出的数据流：生成用户订单。

（5）组成：订单，订单细节。

（6）数据量：每天 25 条。

（7）存取方式：随机存取。

（5）处理过程。数据处理过程是对相关信息的简要描述，具体处理逻辑一般用判定表或判定树来描述。数据字典中只需要描述处理过程的说明性信息，通常包括：

处理过程描述 = ｛处理过程名，说明，输入：｛数据流｝，输出：｛数据流｝，处理：　　　　　　　　｛简要说明｝｝

其中，"简要说明"中主要说明该处理过程的功能及处理要求。功能是指该处理过程用来做什么。处理要求包括频度要求，如单位时间内处理多少事务，多少数据量和响应时间要求等。这些处理要求是之后物理设计的输入及性能评价的标准。

【例3-6】用户订购书籍的处理过程。

(1) 处理过程名：用户订购书籍。

(2) 说明：定义用户网上订购书籍的过程。

(3) 输入数据流：用户订购数据。

(4) 输出数据流：用户的订单和订单细节。

(5) 处理：用户订购想要的书籍，系统接收用户信息后，将用户的订购信息按照订单和订单的详细信息分别生成用户的订单记录和订单细节记录。

可见，数据字典是对元数据进行描述，而不涉及具体数据本身。它建立在需求分析阶段，在整个数据库的设计过程中还可以根据实际情况不断修改、充实和完善。

3.3 概念结构设计

3.3.1 概念结构设计的任务

当明确用户的各种需求后，开发人员需要对这些需求进行归纳和抽象，生成一个独立于具体 DBMS 的概念模型。将需求分析结果转换为独立的、与具体应用环境使用的 DBMS 无关的过程就是概念结构设计。概念结构设计的任务是在需求分析阶段产生的需求说明书的基础上，按照特定的方法把它们抽象为一个能够从用户角度看待数据及其处理要求，准确反映用户使用信息需求且不依赖于任何具体机器的结构，即概念模型。

概念模型是对信息世界的建模，能充分反映现实世界中的实体及其之间的联系，又是各种数据模型的基础，易于向关系模型转换。概念模型使设计者的注意力能够从复杂的现实细节中解脱出来，而只集中在最重要的信息的组织结构和处理模式上。

设计数据库的概念模型可以提供能够识别和理解系统要求的框架，明确每个应用的重要方面及各个应用之间的细微差别，同时该概念模型又为数据库提供了一个说明性结构，为设计数据库的逻辑结构（即逻辑模型）奠定基础。

3.3.2 概念结构设计的方法

概念结构设计主要有三种方法：自顶向下、自底向上、逐步扩张（由里向外）。通常先画出组织的局部 E-R 图，然后将其合并，在此基础上进行优化和美化。

1. 自顶向下

自顶向下方法首先要抽象全局概念模式，将全局概念模式逐步分解为局部概念模式，使局部概念模式与用户子需求对应起来。自顶向下是一个逆向的思维过程，如图3-4所示。

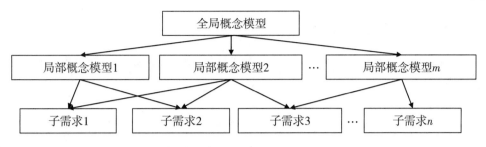

图 3 - 4　自顶向下方法

2. 自底向上

自底向上方法通过分析用户的子需求，先构建好局部概念模式，然后再将局部概念模式组合成全局概念模式。因为用户的子需求相对比较稳定，将有关联的需求模块合并，就能建立局部概念模式，如图 3 - 5 所示。

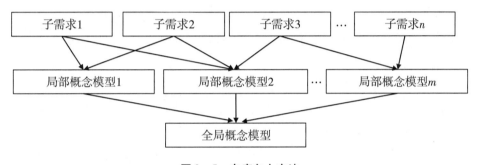

图 3 - 5　自底向上方法

3. 逐步扩张

逐步扩张方法首先要确定一个核心需求并构建一个概念模式，然后在此基础上将非核心需求加入根据核心需求构建的概念模式中，逐步完成整个系统的概念结构设计。该方法通常要采用自顶向下的方法来设计用户需求，再采用自底向上的方法来构建核心概念模式，如图 3 - 6 所示。

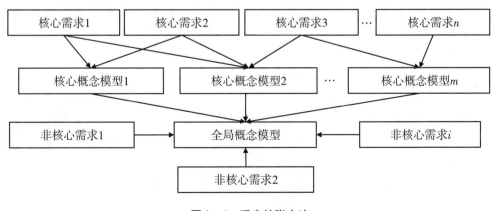

图 3 - 6　逐步扩张方法

3.3.3 E-R图构建概念模型

以上介绍了概念模型的三种设计方法，下面则介绍通常用于关系数据库设计的方法，即 E-R 方法。

1. 定义实体、属性和码

实体可以是物理存在的事物，也可以是抽象的概念。每个实体都有一组特征或性质，成为实体的属性，如用户实体具有名字、性别、地址等属性。实体属性的一组特定值确定了一个特定的实体。实体的属性值是数据库中存储的主要数据。

实体集中各个成员都有一个共同的特征和属性集，可以从需求分析说明书中标识出大部分实体。根据说明书中表示物的术语以及具有"代码"结尾的术语，如出版社编号、书籍编号、订单号等，将其名词部分代表的实体标识出来，从而初步确定潜在的实体，形成初步的实体表，然后标识出实体集的主键，保证每一个非主键属性必须依赖于主键。

（1）实体划分依据。实体是 E-R 模型的基本对象，是现实世界中各种事物的抽象。一般情况下，按照人们的习惯和用户对信息的处理要求划分。在一个局部结构中，一个对象只取一种抽象形式。

（2）属性的确定和分配。

①确定原则：属性应该是不可再分解的语义单位，实体与属性之间的关系只能是一对多的关系，不同实体类型的属性之间应该没有直接关联关系。

②分配原则：当多个实体类型用到同一个属性时，一般把属性分配给那些使用频率最高的实体类型，或者分配给实体值少的实体类型。有些属性不宜归属于任何一个实体类型，只说明实体之间联系的特性。

【例 3-7】网上书店购物模块实体分析。

（1）实体集"用户"，根据需求分析结果，用户实体集及其属性表示为：

用户（用户号，账号，密码，姓名，性别，地址，邮编，电话，Email），该实体集中用户号为主键。

（2）实体集"书籍"及其属性表示为：

书籍（书籍编号，ISBN，书名，作者，出版社编号，出版日期，页数，版本，分类编号，库存数量，价格，折扣价），书籍编号为主键。

（3）实体集"订单"及其属性表示为：

订单（订单号，下单时间，支付方式，用户号，送货编号，订单状态，发货时间，预计到达时间，收货人姓名，收货人地址，收货人电话，邮编），订单号为主键。

（4）实体集"订单信息"表示一个订单可以订购多种书籍，因此该实体集及其属性表示为：

订单信息（订单号，书籍编号，书名，下单时间，下单数量），主键是订单号和书籍编号，是一个复合主键。

在书籍中，出版社编号、分类编号表示该书的出版社信息和书籍所属类别的信息，因此出版社和书籍类别两者属于一个潜在实体。

（5）实体集"出版社"及其属性表示为：

出版社（<u>出版社编号</u>，出版社名称，电话，Email，地址，邮编，网址），主键为出版社编号。

（6）实体集"书籍类别"及其属性表示为：

书籍类别（<u>分类编号</u>，类别名称，父类别编号），主键为分类编号。

2. 定义联系

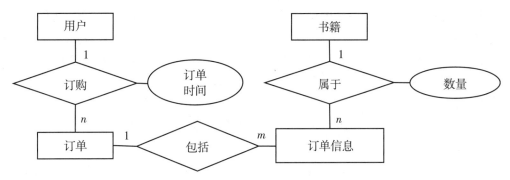

（a）用户、书籍、订单之间的联系

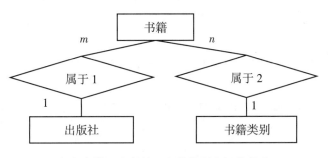

（b）书籍、出版社、书籍类别之间的联系

图 3 - 7　网上书店实体联系图

一个数据库通常包含很多实体型，不同实体型的实体之间可能具有某种联系，这种联系称为实体间的联系。在例 3 - 7 中，图 3 - 7 表示了网上书店模型购物模块中实体之间的联系。其中用户与订单之间是一对多的联系，属性"订单时间"是联系的属性。书籍和订单信息之间也是一对多的联系，属性"数量"是该联系的属性。

在实际领域中经常存在一些实体型，它们没有自己的键，这样的实体型被称为弱实体型，弱实体型的实体则称为弱实体，如图 3 - 7 （a）中的订单信息实体是一个弱实体，它依附于订单而存在。

3. 定义其他对象和规则

在确定了实体、实体属性、实体之间的联系以及联系的属性后，就要定义属性的数据类型、长度、精度、非空、默认值和约束规则等，还要定义触发器、存储过程、视图、角色、同义词和序列等对象信息。

例如，一本书属于一个特定的出版社和书籍分类，因此书籍中的出版社编号若取值，必须取出版社中已有的出版社，书籍类别也是这样。为了保持数据的完整性，可以在书籍和出版社之间建立触发器来维护数据的完整性，当系统删除一个出版社记录时，表示没有了该出版社，可以将该出版社下的相应书籍的出版社编号置空。又如定义订单上的触发器如果发送了一个订单，那么相应的书籍数量将减去销售的数量。

4. 局部 E-R 图合并为全局 E-R 图

当设计好应用的局部 E-R 图后，就需要将局部 E-R 图合并为全局 E-R 图。步骤是先要将各个局部 E-R 模型合并成一个初步 E-R 模型，然后去掉初步总体 E-R 模型中冗余的联系，得到总体 E-R 模型。要注意的是，在合并的过程中需要对局部 E-R 图之间的冲突进行消除。

（1）解决冲突。

①属性冲突。相同属性值的类型有不同的取值范围。需要对属性类型和属性范围进行统一。

②命名冲突。不同意义的对象在不同局部图中有相同的命名，即属性名、实体名、联系名之间存在同名异义或异名同义的冲突。这时需要将不同对象的相同名称换掉，相同对象的名称保持一致。

③结构冲突。

a. 同一对象在不同应用中的不同抽象：把属性变为实体或实体变为属性，使同一对象具有相同的抽象。

b. 同一实体在不同局部 E-R 图中属性的个数或次序不同：合并且设计次序。

c. 实体之间的联系在不同的局部 E-R 图中呈现不同的类型：根据语义进行适当调整。

（2）合并过程。全局 E-R 图的合并首先需要确定公共实体，然后进行两两合并，合并过程如图 3-8 所示。

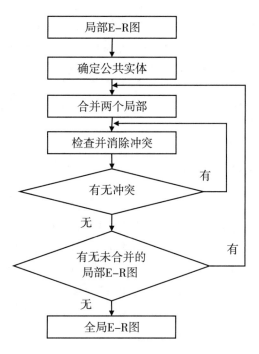

图 3-8 局部 E-R 图合并过程

【例 3-8】网上书店购物模块的全局 E-R 图。消除局部 E-R 图之间的冲突后，网上书店购物的全局 E-R 图如图 3-9 所示。

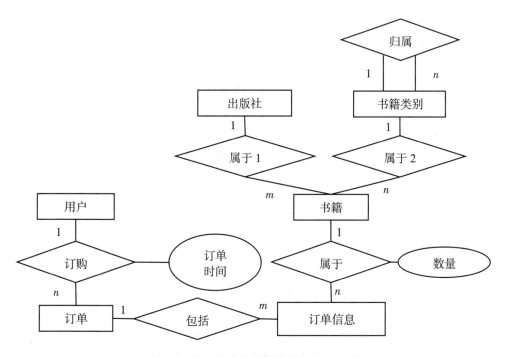

图 3-9 网上书店购物模块的全局 E-R 图

综合得到的基本 E－R 模型是数据库的概念模型，它表示了用户的数据要求，是沟通"要求"和"设计"的桥梁。用户和数据库设计人员必须对这一模型反复讨论，在用户确认这一模型正确无误地反映了他们的要求后，才能进入下一个阶段的设计工作。

3.4 逻辑结构设计

3.4.1 逻辑结构设计过程

关系模型是由一组关系组成，因此把概念模型转换为关系数据模型就是把 E－R 图转换成一组关系模式。这部分工作就是要把 E－R 图转换为一个个关系框架，使之相互联系构成一个整体结构化了的数据模型，这里的关键问题是怎样实现不同关系之间的联系。此外，数据库的逻辑设计也不仅仅是个数据模型的转换问题，还需要进一步深入解决数据模式设计中的一些技术问题，如数据模式的规范化、满足 DBMS 的各种限制等，除数据库的逻辑模式外，还需要为用户或应用设计其各自的逻辑模式，即外模式。数据库逻辑结构设计的结果以数据定义语言表示。

关系数据库的逻辑结构设计过程如下：

（1）初始模式的形成。从 E－R 图导出初始关系模式，将 E－R 图按照规则转换成关系模式。

（2）规范化处理。确定规范的级别，然后消除异常，提高完整性、一致性和存储效率，一般达到第三范式要求即可。规范化过程实际上就是单一化过程，即让一个关系描述一个概念，若多于一个概念就把它分离出来。

（3）模式评价。目的是检查数据库模式是否满足用户的需求，包括功能评价和性能评价。功能评价的作用是检查关系模式能否满足用户的应用要求，对于涉及多个关系模式的应用，必须要保证关系模式的连接无损。性能评价在此阶段只能是有限度的评价，因为这时的模式还缺乏有关的物理设计要素。

（4）优化模式。优化包括设计过程中疏漏的新增关系或属性，性能不好的要采用合并、分解或选用另外的结构。合并是指对于具有相同关键字的关系模式，它们的处理主要是查询操作，而且常常在一起使用，那么可将这类关系合并。分解是指逻辑结构虽然已经达到规范化，但由于某些属性过多，可将它分解成两个或多个关系模式。按照属性组分解的称为垂直分解，垂直分解要注意得到的每一个关系都必须包含主键。

（5）形成逻辑结构设计说明书。根据设计好的模式及应用需求规划应用程序的架构，设计应用程序的草图，指定每个应用程序的数据存取功能和数据处理功能梗概，提供程序上的逻辑接口。逻辑结构设计说明书一般包括以下几项：

①应用设计指南：访问方式、查询路径、处理要求、约束条件等。

②物理设计指南：数据访问量、传输量、递增量等。

③模式及子模式的集合：该部分可用 DBMS 语言描述，也可以列表描述。

3.4.2 E - R 图向关系模型转换

E - R 图表示的概念模型是用户数据要求的形式化，它独立于任何一种数据模型，所以也不为任何一个 DBMS 所支持。为了建立用户所要求的数据库，需要通过逻辑结构设计将概念模型设计阶段得到的 E - R 图转换为与所选用的 DBMS 适配的数据模型，并对其适当地修正和优化。

E - R 模型可以向现有的各种数据库模型转换，对不同的数据库模型有不同的转换规则，转换时可按照以下原则进行：

①E - R 图中的每个实体都相应地转换为一个关系，该关系应该包括对应实体的全部属性，并应根据该关系表达的语义确定关键字，因为关系中的关键字属性是实现不同关系联系的主要手段。

②对于 E - R 图中的联系，要根据联系方式不同，采用不同手段使被它联系的实体所对应的关系彼此之间实现某种联系。

下面逐一详细讲解具体的方法。

1. 实体及其属性的转换

一个实体类型转换为一个关系模式，实体的属性就是关系的属性，实体的键就是关系的键。

（1）多值属性的转换。多值属性作为关系模式的一个属性，需要将实体的多个值对应到关系中的多个元组。

【例 3 - 9】 出版社实体集 Press_Information（PressID，PressName，Tel，Email，Address，Zipcode，WWW），其中 Tel 可以有多个数值，是一个多值属性，表记录如下：

PressID	PressName	Tel	Address	Zipcode	WWW
P003	中山大学出版社	020 - 84111995	广州	510275	http：//press. sysu. edu. cn
P003	中山大学出版社	020 - 84111884	广州	510275	http：//press. sysu. edu. cn

将多值属性从所属实体中分出，与该实体的主键组成一个新的实体。例 3 - 9 可以转换为两个实体：

Press_Information(PressID，PressName，Email，Address，Zipcode，WWW)
Connect(PressID，Tel)

（2）弱实体的转换。弱实体依附于强实体而存在，转换时需要将强实体的主键加到弱实体模式中。

【例 3 - 10】 订单信息 Order_Information 依附于订单 Order_List 存在，可以转换为下

面的模式：

Order_List（<u>OrderID</u>，…）

Order_Information（<u>OrderID</u>，<u>BookID</u>，BookName，OrderTime，Quantity）

2. 一元联系的转换

（1）一对一、一对多联系。一个 1∶1 联系可以转换为一个独立的关系模式，也可以与联系的任意一端实体所对应的关系模式合并。如果转换为一个独立的关系模式，则与该联系相连的各实体的键以及联系本身的属性均转换为关系的属性，每个实体的键均是该关系的候选键。如果与联系的任意一端实体所对应的关系模式合并，则需要在该关系模式的属性中加入另一个实体的键和联系本身的属性。

一个 1∶n 联系可以转换为一个独立的关系模式，也可以与联系的任意 n 端实体所对应的关系模式合并。如果转换为一个独立的关系模式，则与该联系相连的各实体的键以及联系本身的属性均转换为关系的属性，而联系的键为 n 端实体的键。如果与联系的 n 端实体所对应的关系模式合并，则需要在该关系模式的属性中加入 1 端实体的键和联系本身的属性，如图 3－10 所示。

故可转换为如下关系模式：书籍类别（<u>分类编号</u>，类别名称，<u>父类别编号</u>）。

（2）多对多联系。一个 n∶m 联系转换为一个关系模式，与该联系相连的各实体的键以及联系本身的属性均转换为关系的属性，而关系的键为各实体键的组合，如图 3－11 所示。

故可转换为如下关系模式：部件（<u>部件号</u>，<u>次部件号</u>，数量）。

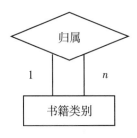
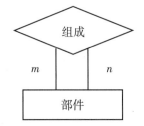

图 3－10　一对多联系的转换　　　图 3－11　多对多联系的转换

3. 二元联系的转换

（1）一对一联系。

①双方都是部分参与。为联系创建一个单独模式，这样可以避免部分参与出现空值。该模式的主键是双方实体主键的组合，联系的属性作为该模式的属性。

②一方部分参与或双方全参与。可以将部分参与方实体的主键及联系的属性加入全参与方，或者为联系创建一个单独模式，这样就可以避免部分参与实体出现空值。双方全参与时，可将任意一方的主键加入另一方，或单独为联系建立一个模式，如图3－12所示。

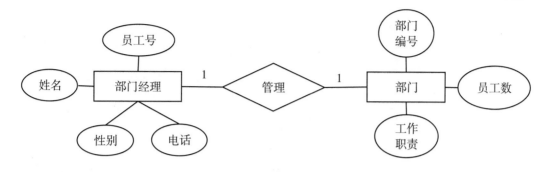

图 3 - 12　一对一联系部分参与和全参与的转换

若"部门"实体部分参与,"经理"实体全参与,则可转换为如下关系模式:经理(员工号,姓名,性别,电话,部门编号)或管理(员工号,部门编号)。

若两个实体全参与,则可转换为如下关系模式:部门(部门编号,员工数,工作职责,员工号);部门经理(员工号,姓名,性别,电话,部门编号);管理(员工号,部门编号)。

(2) 一对多联系。一对多或多对一是最普遍的映射关系,简单来讲就如书籍与出版社的关系。一对多:从出版社角度来说一个出版社拥有多种书籍,即一对多。多对一:从书籍角度来说多种书籍属于一个出版社,即多对一。另外,根据多端实体的参与情况,也可分为两种情况:

①多端实体全参与,将一端实体的主键和联系的属性加入多端。

②多端实体部分参与,为联系创建一个单独模式,如图 3 - 13 所示。

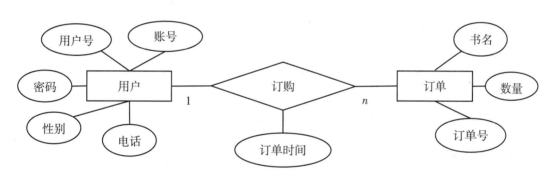

图 3 - 13　一对多联系的转换

若"订单"实体全参与,可转换为如下关系模式:订单(订单号,书名,数量,用户号,订单时间)。

若"订单"实体部分参与,则可创建一个单独模式:订购(订单号,用户号,订单时间)。

(3) 多对多联系。与该联系相连的各实体的键以及联系本身的属性均转换为关系的属性,而关系的键为各实体键的组合,如图 3 - 14 所示。

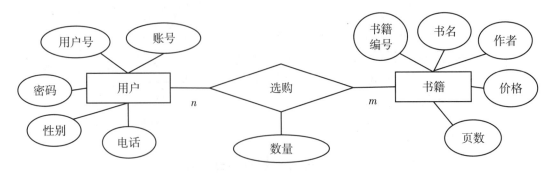

图 3 - 14 多对多联系的转换

可转换为如下关系模式：

用户（<u>用户号</u>，账号，密码，性别，电话），主键为用户号。书籍（<u>书籍编号</u>，书名，作者，价格，页数），主键为书籍编号。选购（<u>用户号</u>，<u>书籍编号</u>，数量），主键为用户号和书籍编号。

4. 概括和特殊的转换

概括和特殊的转换需要为父类和子类分别创建关系模式，各个子类对应的模式包含父类的主键和各自特有的属性。如：

用户（<u>用户号</u>，账号，密码）。账户（<u>用户号</u>，银行卡号，余额）。收货信息（<u>用户号</u>，收货人，收货地址，电话）。

【例 3 - 11】将网上书店销售模块的概念模型转换为关系模型。

图 3 - 9 设计了网上书店销售模块的 E - R 图，根据上面介绍的转换方法，将概念设计转换为关系模式，得到：

User _ List（<u>UserID</u>，Account，Password，TName，Sex，Address，Zipcode，Tel，Email）

Book_Information（<u>BookID</u>，ISBN，BookName，Author，PressID，PublishDate，Pages，Edition，CategoryID，TotalNum，Price，DiscountPrice）

Press_Information（<u>PressID</u>，PressName，Tel，Email，Address，Zipcode，WWW）

Book_Category（<u>CategoryID</u>，CategoryName，BelongID）

Order _ List（<u>OrderID</u>，OrderTime，Payment，UserID，CourieredID，OrderStatus，DeliveryTime，ETA，Consignee，Address，Tel，Zipcode）

Order_Information（<u>OrderID</u>，<u>BookID</u>，BookName，OrderTime，Quantity）

3.4.3 子模式设计

将概念模型转换为应用系统的全局逻辑模型后，设计人员还应该根据局部应用的要求，结合具体的 DBMS，通过视图设计用户需要的子模式。

例 3 – 11 已经确定了网上书店的关系模式，根据用户需要，每一个订单的购买总数和总价格在应用中使用较为频繁，所以可以创建每一份订单购买书籍的总数和总价格的视图 OrderPrice(OrderID，TotalNum，TotalPrice)。为了能够方便统计书籍的信息，可以对每个出版社的图书销售数量进行统计，创建视图 BookPub(PressID，BookID，SellNum)等。这些视图能够方便用户查询，简化用户使用步骤。

3.5　物理结构设计

3.5.1　物理结构设计的内容

数据库物理设计是为逻辑数据模型选取一个最适合应用环境的物理结构，即存储结构和存取方法。然后根据 DBMS 的特点和处理的需要，对该存储模式进行性能评价，进行物理存储安排，设计索引，形成数据库内模式。数据库的内模式虽然不是直接面向用户，但对数据库的性能影响很大。DBMS 提供相应的 DDL 语句及命令，供数据库设计人员和数据库管理员（DBA）定义内模式时使用。

为了设计最适合应用环境的物理结构，就要使设计的物理数据库占用较少的存储空间，还要尽可能提高对数据库的操作速度。所以设计人员要充分了解 DBMS 的内部特征、数据库应用环境、用户对数据处理的要求以及外部存储设备的特性。

数据库的物理结构设计即内模式的设计，关系到整个数据库的数据存储和系统性能，在进行物理设计之前要对系统处理的事务进行分析，得到数据查询和更新时所用到的关系、条件、涉及的属性等，从而确定关系的存取方法。

数据库物理结构设计的主要内容包括为关系模式选择合适的存取方法，设计关系、索引等数据库文件的物理存储结构。

数据库的物理结构设计通常分为两步：

（1）确定数据库的物理结构，在关系数据库中主要是指存储结构和存取方法。

（2）对物理结构进行评价，主要针对时间和空间的效率做评价。如果评价结果满足原设计要求，则可进入物理实施阶段，否则就需要重新设计或修改物理结构，有时甚至要返回逻辑设计阶段修改数据模型。

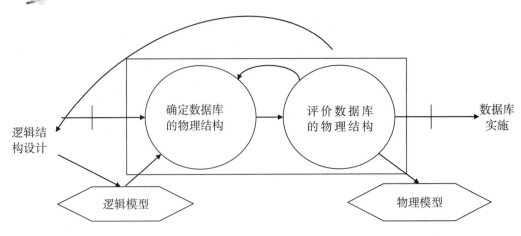

图 3 – 15　**数据库物理结构设计**

3.5.2　存储结构设计

确定数据库的物理结构主要指确定数据的存放位置和存储结构，包括了确定关系、索引、聚簇、日志、备份等存储安排和存储结构，确定好系统配置等。另外还需要考虑存储效率、存取时间、维护成本三方面的因素。这三个方面常常是相互矛盾的，例如，消除一切冗余数据虽能够节约存储空间和减少维护代价，但往往会导致检索时间的增加，所以设计人员需要综合权衡各方面的因素，从中选取一个较优的方案作为数据库的物理结构。

1. 数据存放位置

根据数据操作或存取性质区分存放数据。应该根据应用情况将数据的易变部分与稳定部分、经常存取部分与存取频率较低的部分分开存放。例如，数据库数据备份、日志文件备份等只在故障恢复时才使用，而且数据量很大，可以考虑存放在磁带上。另外，可以根据实际应用中的存储设备和应用系统的存取策略，设计数据的存放位置。如果计算机有多个磁盘或磁盘阵列，可以考虑将表和索引分别放在不同的磁盘上以提高系统的性能。在查询时，由于磁盘驱动器是并行工作的，因此可以有效提高物理读写的效率。

2. 确定系统配置

确定使用的 DBMS 后，要根据系统配置变量、存储分配参数来分析系统，进一步对数据库进行物理优化。系统配置变量有很多，如同时使用数据库的用户数、同时打开的数据库对象数、内存分配参数、缓冲区分配参数、索引文件的大小、数据库的大小、锁的数目等。在初始情况下，系统都为这些变量赋予了合理的默认值。但这些值不一定适合每一种应用环境，所以在进行物理设计时，需要对其重新赋值，使数据库配置最优化。

3.5.3　存取方法设计

物理设计的任务之一就是要确定选择哪些存取方法，存取方法是快速存取数据库中数据的技术，要确定哪些存储路径可以快速存取数据库中的数据。数据库系统是多用户共享的系统，对同一个关系要建立多条存取路径才能满足多用户的多种应用要求。数据库管理系统提供了以下四种常见的存取方法：索引、聚簇（Cluster）、分区设计和 HASH 法。

1. 索引存取方法

在数据库中，索引就是表中数据和相应存储位置的对应列表。索引存取方法实际就是根据应用要求确定对关系的哪些属性列建立索引、哪些属性列建立组合索引以及哪些索引要设计为唯一索引等，使用索引可以大大减少数据查询的时间，是使用最普遍的一种存取方法。

关系上的索引数并非越多越好，索引虽然能够提高查询的速度，但如果为数据库中的每张表都设置大量的索引也是不明智的。这是因为增加太多索引也会占用更多的存储空间，如果建立聚簇索引（会改变数据物理存储位置的一种索引），会占用更大的空间。另外，当对表中的数据进行增减和修改时，索引也要动态地维护，这也降低了数据的更新速度。所以，在创建索引时一般遵循以下原则：

（1）在经常查询的列上建立索引。

（2）在主键上、外键上建立索引。

（3）在需要根据范围进行查询的列上建立索引，因为索引已排序，其指定的范围是连续的。

（4）在经常需要排序的列上创建索引，因为索引已经排序，便于加快查询。

（5）若一个或一组属性经常在查询条件中出现，则应该在这个或这组属性上建立索引或组合索引。

（6）若一个属性经常作为最大值和最小值等聚集函数的参数，则应该在这个属性上建立索引。

（7）若一个或一组属性经常在连接操作的连接条件中出现，则应该在这个或这组属性上建立索引。

（8）对于以读为主或只读的表，只要有需要且存储空间允许，可以多建索引。

对于不适宜创建索引的列，则需要考虑：

（1）对于那些不出现或很少出现在查询条件中的属性不应该创建索引。因为这些属性列使用机会较少，增加索引反而会降低系统的维护速度和占用存储空间。

（2）对于那些属性值很少的属性不应该创建索引。如 User_List 中的"性别"列。

（3）属性值分布严重不均匀的属性。例如学生的年龄往往集中在几个属性值上，如果在年龄属性上建立索引，则在检索某个年龄的学生时便会涉及相当多的学生。

（4）经常需要更新的属性或表。因为更新时索引也需要维护。

（5）过长的属性。如超过 40 个字节，因为在过长的属性上建立索引，索引所占用的存储空间会增大，而且索引级数也会随之增加。若实在需要建立索引，则应该采取索引键压缩措施。

2. 聚簇存取方法

聚簇就是把有关的元组集中在一个物理块内或物理上相邻的区域内，从而提高某些数据的访问速度。聚簇索引可以提高按照聚簇码查询的效率。例如，要查询"中山大学出版社"的书籍，可以在出版社编号上建立聚簇码，将所有"中山大学出版社"的书籍记录全部集中在某物理块中，这样就可以显著地减少磁盘访问的次数，提高检索速度。同时，当实施聚簇以后，聚簇码相同的元组集中在一起了，因而聚簇码值不必在每个元组中重复存储，只要在一组中存一次就行了，这能大大节省存储空间。

现代的 DBMS 允许按某一聚簇键集中存放元组，这种聚簇键可以是复合的。具有同一聚簇键值的元组，尽可能地放在同一个物理块内。如果放不下，则可以向预留的空白区发展或链接多个物理块。聚簇后的元组按串存放，图 3 – 16 所示为聚簇的链接结构。

图 3 – 16　聚簇的链接结构

有些操作系统支持区域的概念，所谓区域就是指磁盘上一段物理上邻接的区域。如果 DBMS 在这样的操作系统支持下运行，这些链接块应该集中在一个区域内，从而可以提高访问速度。

创建聚簇的语句基本形式如下：

CREATE CLUSTER <聚簇名 > （聚簇属性 1 数据类型，聚簇属性 2 数据类型，…）；

其中聚簇名是要产生的聚簇的名称；聚簇的属性至少有一个，多个属性用逗号隔开，每个属性后跟该属性的数据类型。若原来的关系是非聚簇的，则建立聚簇后，原来的关系就会转换为聚簇关系。

每一个关系只能够建立一个聚簇，一般在下列情况中可以考虑建立聚簇：

（1）既适用于单个关系独立聚簇，也适用于多个关系组合聚簇。

（2）当通过聚簇码进行访问或连接是该关系的主要应用，与聚簇码无关的其他访问很少或者是次要时，可以使用聚簇。

（3）对经常在一起进行连接操作的关系可以建立聚簇。尤其当语句中包含与聚簇键有关的 ORDER BY、GROUP BY、UNION、DISTINCT 等语法成分时，聚簇有利于省去对结果的排序。

（4）关系的属性经常出现在等值的比较中，可以为单个关系建立聚簇。

（5）关系上的属性（组）值重复率高，可以对该关系建立聚簇。

（6）对应每个聚簇键值的平均元组数既不能太少，也不能太多。太少则聚簇的效率不明显，会浪费块的空间，但太多就要采用多个链接块，也不利于提高性能。

（7）聚簇键的值应相对稳定，以减少修改聚簇键所带来的额外维护开销。

但聚簇还是存在一定的局限性，如：聚簇只能提高某些特定应用的性能；建立与维护聚簇的开销相当大；对已有关系建立聚簇将导致关系中元组移动其物理存储位置，并使此关系上原有的索引无效，必须重建索引；当一个元组的聚簇码改变时，该元组的存储位置也要做相应移动。

3. 分区设计方法

数据库系统一般有多个磁盘驱动器，有些系统还带有磁盘阵列。数据在多个磁盘组上的分布也是数据库物理设计的内容之一，即分区设计方法。

分区设计一般遵循以下原则：

（1）减少访盘冲突。多个事物并发访问同一个磁盘组时，会因为访盘冲突而等待。一个关系最好不要放在一个磁盘组上，而是水平分割成多个裂片，分布到多个磁盘组上。分割与聚簇相辅相成，从而提高数据库的性能。

（2）分散热点数据。数据库中的数据被访问的频率是不均匀的，经常被访问的数据成为热点数据。热点数据最好分散在各个磁盘组上，从而均衡各个磁盘组的负荷。

（3）保证关键数据的快速访问。

4. HASH 法

HASH 法就是直接存取方法，通过对 HASH 值的计算得到存取地址。在设计时，需要考虑 HASH 函数的设计，使得计算效率和散列性得到平衡。当一个关系满足下列两个条件时，可以选择使用 HASH 存取方法：

（1）该关系的属性主要出现在等值连接条件中或主要出现在相等比较选择条件中，关系大小可以预知而且不变。

（2）等值连接或相等比较中的关系大小动态改变，所选用的数据库管理系统提供了动态 HASH 的存取方法，如拉链法，开地址法等。

第4章 关系数据库标准语言 SQL

结构化查询语言（Structured Query Language，SQL）是一种介于关系代数与关系演算之间的语言，是面向集合的描述性非过程化语言。作为数据库的核心语言和关系型数据库普遍使用的标准，SQL 语言从功能上可以分为三部分：数据定义、数据操纵和数据控制。本章在学习 SQL 语言基本原理的基础上，重点通过上机练习来进行 SQL 语言的实践应用。

4.1 SQL 概述

4.1.1 SQL 的发展历程

SQL 是在 1974 年由 Boyce 和 Chamberlin 提出的。在 1975 年至 1979 年间，IBM 公司研制出了关系数据库管理系统的原型并在 System R 上实现了这种语言。

由于 SQL 简单易学，功能丰富，深受用户及计算机工业界的欢迎，因此被数据库厂商所采用。其后经各公司的不断修改、扩充和完善，SQL 得到业界的认可。1986 年 10 月，美国国家标准局（ANSI）的数据库委员会 X3H2 批准了 SQL 作为关系数据库语言的美国标准。同年公布了 SQL 标准文本（简称 SQL – 86）。1987 年国际标准化组织（International Organization for standardization，ISO）也通过了这一标准。

SQL 标准从 1986 年公布以来随着数据库技术的发展不断变化、丰富。表 4 – 1 是 SQL 标准的发展过程。

表 4 – 1　SQL 标准发展过程

标准	大致页数	发布日期
SQL/86		1986 年
SQL/89	120	1989 年
SQL/92	622	1992 年
SQL 99	1 700	1999 年
SQL 2003	3 600	2003 年
SQL 2008	3 777	2006 年
SQL 2011		2010 年

自 SQL 成为一种访问关系型数据库的国际标准后，数据库产品的各个厂商推出了各自支持 SQL 的软件或软件接口。微机、小型机、大型机及各种数据库系统都采用 SQL 作

为共同的数据存取语言和标准接口。著名的大型商用数据库产品如 Oracle、Sybase、Informix、DB2、Microsoft SQL server，以及一些小型的产品如 Visual FoxPro、Access 等都支持 SQL。随着互联网的发展，很多开源的数据库产品如 MySQL、Firebird 等也支持 SQL。SQL 也支持 Web 数据库的应用和对非结构化数据的处理，例如 Java 和 XML（Extensible Markup Language，可扩展的标记语言）。

4.1.2　SQL 的体系结构

SQL 语言支持数据库的三级模式结构，如图 4 - 1 所示。其中外模式对应视图（View）和部分基本表（Base Table）；模式对应基本表；内模式对应存储文件（Stored File）。

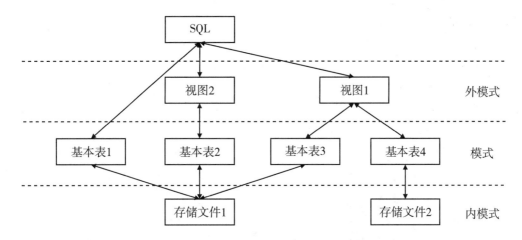

图 4 - 1　SQL 语言支持数据库的三级模式结构

①基本表：基本表是本身独立存在的表，在 SQL 中一个关系就对应一个基本表。一个（或多个）基本表对应一个存储文件，一个表可以带若干索引，索引也存放在存储文件中。

②存储文件：存储文件的逻辑结构组成了关系数据库的内模式。存储文件的物理结构是任意的，对用户是透明的。

③视图：视图是一个虚拟的表，是从一个或几个基本表导出的表。它本身不独立存储在数据库中，即数据库中只存放视图的定义而不存放视图对应的数据。这些数据仍存放在导出视图的基本表中，因此视图是一个虚表。视图在概念上与基本表等同，用户可以在视图上再定义视图。

4.1.3　SQL 的组成

SQL 功能包括数据定义、数据操纵、数据控制三个主要方面，是一个综合、通用、功能强大的关系数据库语言。

①数据定义，用于定义 SQL 模式（Schema）、基本表、视图和索引。

②数据操纵，包括对基本表和视图的数据进行插入、删除、修改、查询四种操作。

③数据控制，包括对基本表和视图的授权，完整性规则的描述，事务控制等内容。

4.1.4　SQL 的特点

SQL 语言之所以能够为用户和业界所接受，成为国际标准，是因为它是一个综合的、通用的、功能极强的，同时又简洁易学的语言，其主要特点包括：

1．一体化

SQL 语言风格统一，可以独立完成数据库生命周期中的全部活动，包括定义关系模式、建立数据库、查询、更新数据、维护、重构数据库、数据库安全性控制等一系列操作要求，这就为数据库应用系统的开发提供了良好的环境。

2．高度非过程化

非关系数据模型的数据操纵语言是面向过程的语言，要完成某项请求，必须指定存取路径。而用 SQL 语言进行数据操作，用户只需提出"做什么"，而不必指明"怎么做"。存取路径的选择以及 SQL 语句的操作过程由系统自动完成，这不但大大减轻了用户负担，而且有利于提高数据独立性。

3．面向集合的操作方式

SQL 语言采用集合操作方式，不仅查找结果可以是元组的集合，而且一次插入、删除、更新操作的对象也可以是元组的集合。非关系数据模型采用的是面向记录的操作方式，任何一个操作对象都是一条记录。

4．一种语法，两种使用方式

SQL 语言既是自含式语言，又是嵌入式语言。作为自含式语言，它能够独立地用于联机交互，用户可以在终端键盘上直接输入 SQL 命令对数据库进行操作。作为嵌入式语言，SQL 语句能够嵌入到高级语言（如 C、COBOL、FORTRAN、PL/1）程序中，供程序员设计程序时使用。在两种不同的使用方式下，SQL 语言的语法结构基本上是一致的，为用户提供了极大的灵活性与方便性。

5．语言简洁，易学易用

SQL 语言功能极强，并且十分简洁简单，接近英语口语，因此学生容易上手和使用。完成数据定义、数据操纵、数据控制的核心功能只用了 9 个动词：CREATE、ALTER、DROP、SELECT、INSERT、UPDATE、DELETE、GRANT、REVOKE，如表 4 - 2 所示。

表 4-2 **SQL 的命令动词**

SQL 功能	动词
数据定义	CREATE、ALTER、DROP
数据查询	SELECT
数据操纵	INSERT、UPDATE、DELETE
数据控制	GRANT、REVOKE

在本章的后续内容中，将以第二章中"网上书店系统"的部分关系模型及表 2-1 至表 2-6 为基础，借助大量实例来讲解一些重要的 SQL 语言。

4.2 数据定义

4.2.1 概述

数据库模式定义语言，是用于描述数据库中要存储的现实世界实体的语言。一个数据库模式包含该数据库中所有实体的描述定义，这些定义包括表、视图、索引等数据库对象结构定义、操作权限定义等，如表 4-3 所示。

表 4-3 **SQL 的数据定义语句**

操作对象	操作方式		
	创建	删除	修改
数据库/模式	CREATE DATABASE	DROP DATABASE	
表	CREATE TABLE	DROP TABLE	ALTER TABLE
视图	CREATE VIEW	DROP VIEW	
索引	CREATE INDEX	DROP INDEX	

SQL 标准通常不提供修改模式定义、修改视图定义和修改索引定义的操作，用户如果需要修改以上对象，只能够将其删除，然后重建。

4.2.2 数据模式定义

1. 创建数据库/模式

模式（Schema）是一个名字空间，创建在某个 DATABASE 之下。一个 DATABASE 下可以包含多个 SCHEMA。关于 SCHEMA、DATABASE 的定义，各个数据库产品的解释和实现不尽相同，需要具体情况具体分析。在 MySQL 的语法操作中（MySQL5.0.2 以上版本）可以使用 CREATE DATABASE 和 CREATE SCHEMA 创建数据库，两者在功能上是一致的。

数据库创建语句为：

CREATE DATABASE[IF NOT EXISTS] <数据库名>
[[DEFAULT]CHARACTER SET<字符集名>][[DEFAULT]COLLATE<校对规则名>];

[ ] 中的内容是可选的。语法说明如下：

（1）<数据库名>：创建数据库的名称。MySQL 的数据存储区将以目录方式表示 MySQL 数据库，因此数据库名称必须符合操作系统的文件夹命名规则。注意在 MySQL 中不区分大小写。

（2）IF NOT EXISTS：在创建数据库之前进行判断，只有该数据库目前尚不存在时才能执行操作。此选项可以用来避免数据库已经存在而重复创建的错误。

（3）［DEFAULT］CHARACTER SET：指定数据库的默认字符集。

（4）［DEFAULT］COLLATE：指定字符集的默认校对规则。

例 4－1 展示了一个最简单的创建数据库方法。

【例 4－1】创建网上书店数据库。

1．创建数据库

在 MySQL 中创建网上书店数据库，语句为：

CREATE DATABASE E_Bookstore

2．删除数据库/模式

在 MySQL 中删除数据库，语句为：

DROP DATABASE <数据库名>

3．查看数据库列表

在 MySQL 中查看存在的数据库，语句为：

SHOW DATABASES；

需要注意：database 数据库中的 s 表复数，以分号结束语句。

4．使用数据库

在 MySQL 中使用存在的数据库，语句为：

USE <数据库名称>

4.2.3 基本表管理

1．定义基本表

建立数据库的最重要一步就是定义基本表，SQL 语言使用 CREATE TABLE 语句定义基本表，其一般格式如下：

CREATE TABLE <表名>

(<列定义>[¦<列定义>,<完整性约束>¦])

【例 4 - 2】定义书籍信息表（Book_Information）的基本结构。

```
1.   CREATE TABLE Book_Information(
2.       BookID char(6),
3.       ISBN char(20),
4.       BookName varchar(30),
5.       Author char(10),
6.       PressID char(4),
7.       PublishDate date,
8.       Page int,
9.       Edition smallint,
10.      CategoryID char(7),
11.      TotalNum int,
12.      Price real,
13.      DiscountPrice real
14. )
```

创建一个数据表时，主要包括以下三个部分：

（1）<表名>是合法标识符，最多可有 128 个字符，如 User，Zipcode_List 等，但不允许重名。

（2）<列定义>：<列名><数据类型>［DEFAULT］［¦<列约束>¦］，字段可达 128 个字符。字段名可包含中文、英文字母、下划线、#、货币符号及@。同一个列表不许有重名列。

（3）字段长度、精度和小数位数。

①字段长度：指字段所能容纳的最大数据量，对于不同数据类型来说，长度对字段的意义不同。如 unicode 数据类型，长度代表字段所能容纳的字符数及限制用户所能输入的文本长度；数值类数据类型，长度代表字段使用多少个字节存放数字；binary、varbinary、image 数据类型，长度代表字段所能容纳的字节数。

②精度：指的是数字位数，包括整数部分和小数部分。如：12 345.678，其精度为 8。

③小数位数。SQL 语言中用如下格式表示数据类型以及长度、精度和小数位数，n 代表长度，p 代表精度，s 代表小数位数。如：binary(n)、char(n)、numeric(p, s)。

数据库提供商在基本数据类型的基础上创建了自身产品实际需要的数据类型。在 MySQL 中，有文本、数字、日期/时间三种主要的数据类型。

2. 定义完整性约束

在 SQL 中可以定义五种类型的完整性约束，分别为非空约束（NOT NULL/NULL）、唯一性约束（UNIQUE）、主键约束（PRIMARY KEY）、外键约束（FORGIEN KEY）、用户定义约束（CHECK）。

（1）非空约束（NOT NULL/NULL）。在定义了数据库表的基本结构后，就可以在表中填充实际的元组值，在填充的过程中有些信息可以在以后需要时再填写。这些字段中目前没有有效的值，可以用 NULL 这样的占位符来替代，直到信息变为可用为止。NULL 占位符通常指向一个空值，但 NULL 不是一个值，它的含义是"不知道""不确定"或"没有数据"的意思。

一般来说，在列定义时，没有特别说明的属性都默认为允许取空值，但要注意的是 SQL 标准不允许主键的任何属性具有空值，否则就失去了唯一标识一条记录的作用。对于非主键的列，要满足其在实际使用中不允许取空值的要求，就必须在列定义中加上非空约束。

【例 4 – 3】在例 4 – 2 的基础上，为 BookName 和 Author 加上非空约束。

```
1.  CREATE TABLE Book_Information (
2.     BookID char(6),
3.     ISBN char(20) DEFAULT  '00000000000000',
4.     BookName varchar(30) NOT NULL,
5.     Author char(10) NOT NULL,
6.     PressID char(4),
7.     PublishDate date,
8.     Page int,
9.     Edition smallint,
10.    CategoryID char(7),
11.    TotalNum int,
12.    Price real DEFAULT 00.00,
13.    DiscountPrice real
14. )
```

（2）唯一性约束（UNIQUE）。唯一性约束用于指明基本表在某一列或多个列的组合上的取值必须唯一。定义了唯一性约束的列称为唯一键，系统自动为唯一键建立唯一索引，从而保证了唯一键的唯一性。唯一键允许为空，但系统为保证其唯一性，最多只可以出现一个 NULL 值。唯一性约束可用于列约束，也可以用于表约束。

当 UNIQUE 用于定义列约束时，其语法格式如下：

［CONSTRAINT＜约束名＞］UNIQUE

注意：在完整性定义中，约束名是可以省略的，当约束名省略时系统将自动随机地分配一个唯一的约束名。

当 UNIQUE 用于定义表约束时，其语法格式如下：

［CONSTRAINT＜约束名＞］UNIQUE(＜列名＞[｛,＜列名＞｝])

【例 4 – 4】在例 4 – 3 的基础上，定义 ISBN 为唯一键。

```
1.  CREATE TABLE Book_Information (
2.      BookID char(6),
3.      ISBN char(20) DEFAULT  '000-0-000-00000-0',
4.      BookName varchar(30) NOT NULL,
5.      Author char(10) NOT NULL,
6.      PressID char(4),
7.      PublishDate date,
8.      Page int,
9.      Edition smallint,
10.     CategoryID char(7),
11.     TotalNum int,
12.     Price real DEFAULT 00.00,
13.     DiscountPrice real,
14.     CONSTRAINT ISBN_UNI UNIQUE(ISBN)
15. )
```

（3）主键约束（PRIMARY KEY）。主键约束用于定义基本表的主键，起唯一标识作用，其值不能为 NULL，也不能重复，以此来保证实体的完整性。

PRIMARY KEY 与 UNIQUE 约束类似，通过建立唯一索引来保证基本表在主键列取值的唯一性，但它们之间存在着很大的区别。其区别主要在于：①在一个基本表中只能定义一个 PRIMARY KEY 约束，但可定义多个 UNIQUE 约束。②对于指定为 PRIMARY KEY 的一个列或多个列的组合，其中任何一个列都不能出现空值，而对于 UNIQUE 所约束的唯一键，则允许为空。

对同一个列或一组列，不能同时定义 UNIQUE 约束与 PRIMARY KEY 约束。PRIMARY KEY 与 UNIQUE 相似，既可以用于列约束，也可以用于表约束。

当 PRIMARY KEY 用于定义列约束时，其语法格式如下：

[CONSTRAINT < 约束名 >] PRIMARY KEY

当 PRIMARY KEY 用于定义表约束时，其语法格式如下：

[CONSTRAINT < 约束名 >] PRIMARY KEY(< 列名 > [¦ , < 列名 > ¦])

【例 4 - 5】在例 4 - 4 基础上，定义 BookID 为主键

```
1.  CREATE TABLE Book_Information (
2.      BookID char(6),
3.      ISBN char(20) DEFAULT  '000-0-000-00000-0',
4.      BookName varchar(30) NOT NULL,
5.      Author char(10) NOT NULL,
6.      PressID char(4),
7.      PublishDate date,
8.      Page int,
9.      Edition smallint,
```

```
10.      CategoryID char(7),
11.      TotalNum int,
12.      Price real DEFAULT 00.00,
13.      DiscountPrice real,
14.      CONSTRAINT ISBN_UNI UNIQUE(ISBN),
15.      CONSTRAINT BB_PRIM PRIMARY KEY (BookID)
16. )
```

（4）外键约束（FORGIEN KEY）。外键约束指定某一个列或一组列作为外部键，其中，包含外键的表称为从表，包含外键所引用的主键或唯一键的表称主表。系统保证从表的外部键上取的值要么是主表中某一个主键值或唯一键值，要么是空值。以此保证两个表之间的连接以及实体的参照完整性。

FORGIEN KEY 与 PRIMARY KEY、UNIQUE 一样，都是既可以用于列约束，也可以用于表约束。

当 FORGIEN KEY 用于定义列约束时，其语法格式如下：

［CONSTRAINT ＜约束名＞］FORGIEN KEY

当 FORGIEN KEY 用于定义表约束时，其语法格式如下：

［CONSTRAINT ＜约束名＞］FOREIGN KEY
REFERENCES ＜主表名＞（＜列名＞［｛＜列名＞｝］）

【例 4－6】用户表（User_List）和订单细节表（Order_List）的共有属性"用户编号"（UserID）在用户表中是主键，在订单细节表中是外键。也就是说，在订单细节表中这个字段的值要么为空，要么等于用户表中"用户编号"的主键。

```
1.  CREATE TABLE Order_List(
2.      OrderID char(5),
3.      OrderTime date,
4.     Deliver_Time date,
5.      UserID char(5) ,
6.      CourieredID char(6),
7.      Logistics char(4),
8.      Consignee char(10) NOT NULL,
9.      Address char(30),
10.      Zipcode char(7),
11.      Tel char(20),
12.      Quantity int,
13.      CONSTRAINT UID_FORE FOREIGN KEY(UserID)
14.      REFERENCES User_List(UserID)
15.  )
```

（5）用户定义约束（CHECK）。列的约束条件主要是用来检测字段值所允许的范围，它是通过 CHECK 子句来实现的。用户定义约束能保证数据在输入时只有满足条件才存储到数据库中，确保了数据完整性。CHECK 子句不能独立使用，要将它附在 CREATE TABLE 的定义中使用。CHECK 子句基本语法如下所示：

［CONSTRAINT＜约束名＞］CHECK（条件表达式）

其中条件表达式是字段名、常量及比较和逻辑运算符组合成的值为真或假的逻辑表达式。常用的运算符有以下几种：

①由比较运算符构成的表达式，主要的比较运算符有：＝，＞，＜，＞＝，＜＝，＜＞，! ＞（不大于）,! ＜（不小于），NOT（与比较运算符同用，对条件求非）。例如：Price ＞10，表示价格字段的值要求大于 10。

②指定范围，主要的运算有 BETWEEN…AND…，NOT BETWEEN…AND…，表示指定字段值在（或不在）指定范围内的记录。BETWEEN 后面指定范围的下限，AND 后面指定范围的上限。例如：DiscountPrice BETWEEN 0 AND Price，表示折扣价在 0 到实价之间。

③集合运算符是 IN、NOT IN，表示指定字段值属于（或不属于）指定集合内的记录。例如：CategoryID IN ('A100100', ' A100110', ' A100120', ' B100100')，表示书的类别只能在四个指定的值中描述。

④字符匹配，命令子句是：LIKE，NOT LIKE '＜匹配串＞'［ESCAPE '＜换码字符＞'］，其表示指定的字段值与＜匹配串＞相匹配的记录。＜匹配串＞可以是一个完整的字符串，也可以含有通配符 "＿" 和 "％"。其中 "＿"，即下划线字符，表示可以和任意单个字符匹配；"％"，即百分号字符，表示可以和任意长度字符串（长度可以为零）匹配。例如：BookID LIKE 'K％'，表示书号字段的第一个字符必须是字母 K。

⑤多重条件，主要的运算符有 AND、OR、NOT。AND 表示只有两个操作数都为真，运算值才为真；OR 表示只要有一个操作数为真，运算值就为真。例如：DiscountPrice ＞0 and DiscountPrice ＜Price，表示折扣价在 0 到实价之间。

【例 4 - 7】添加了约束的书籍信息表（Book_Information）的定义。

```
1.  CREATE TABLE Book_Information(
2.     BookID char(6),
3.     ISBN char(20) DEFAULT '0000000000000',
4.     BookName varchar(30) NOT NULL,
```

```
5.     Author char(10) NOT NULL,
6.     PressID char(4),
7.     PublishDate date,
8.     Page int,
9.     Edition smallint,
10.    CategoryID char(7),
11.    TotalNum int,
12.    Price real DEFAULT 00.00,
13.    DiscountPrice real,
14.    CONSTRAINT ISBN_UNI UNIQUE(ISBN),
15.    CONSTRAINT BB_PRIM PRIMARY KEY (BookID),
16.    CHECK  (Price>0),
17.    CHECK  (DiscountPrice BETWEEN 0 AND Price),
18.    CHECK (BookID LIKE 'K%')
19. )
```

以上的完整性约束在定义时也可以用 CONSTRAINT 命令命名，以便后续对表结构进行修改，例 4 – 8 在定义表的结构及相关约束时为每一个约束命名。

【例 4 – 8】在例 4 – 7 基础上为每一个约束命名。

```
1.  CREATE TABLE Book_Information(
2.     BookID char(6),
3.     ISBN char(20) DEFAULT '000-0-000-00000-0',
4.     BookName varchar(30) NOT NULL,
5.     Author char(10) NOT NULL,
6.     PressID char(4),
7.     PublishDate date,
8.     Page int,
9.     Edition smallint,
10.    CategoryID char(7),
11.    TotalNum int,
12.    Price real DEFAULT 00.00,
13.    DiscountPrice real,
14.    CONSTRAINT ISBN_UNI UNIQUE(ISBN),
15.    CONSTRAINT BB_PRIM PRIMARY KEY (BookID),
16.    CONSTRAINT Price_CHE CHECK(Price>0),
17.    CONSTRAINT DiscountPrice_CHE
18.    CHECK(DiscountPrice BETWEEN 0 AND Price),
19.    CONSTRAINT BookID_CHE CHECK(BookID LIKE 'K%')
20. )
```

3．修改基本表

由于应用环境和应用需求的变化，有时候需要对已经建立好的基本表的结构进行修改、比如增加新列和完整性约束、修改原有的列定义和完整性约束等。因此，SQL 语言使用 ALTER TABLE 语句修改基本表，其一般格式如下：

ALTER TABLE <表名>

［ADD <新列名> <数据类型> ［完整性约束］］

［DROP <完整性约束名>］

［ALTER COLUMN <列名> <数据类型>］

（1）增加字段定义。其一般格式如下：

ALTER TABLE <表名>

ADD <新列名> <数据类型> ［完整性约束］

【例 4 - 9】在订单信息表（Order_Information）中增加订单支付方式字段（PayMethod），默认值是"网银支付"。

```
1.  ALTER TABLE Order_Information
2.  ADD PayMethod char(10) DEFAULT '网银支付'
```

【例 4 - 10】参照【例 4 - 9】在订单信息表（Order_Information）中增加订单状态（OrderCondition）字段，然后新增其约束为只允许在"待支付""已支付""已发货""已收货"四项中选择。

```
1.  ALTER TABLE Order_Information
2.  ADD CONSTRAINT OrderCondition_CHE CHECK (OrderCondition IN('待支付',
    '已支付','已发货','已收货'))
```

注意：利用 ALTER TABLE 子句的方式所增加的新列会自动填充 NULL 值，因此不能对新增加的列定义为 NOT NULL。

（2）删除约束、删除字段。

①删除约束，其一般格式如下：

ALTER TABLE <表名>

DROP <完整性约束名>

【例 4 - 11】删除例 4 - 8 所定义的书籍信息表（Book_Information）中的 BookID_CHE、Price_CHE 这两个约束。

```
1.  ALTER TABLE Book_Information DROP CONSTRAINT BookID_CHE
2.  ALTER TABLE Book_Information DROP CONSTRAINT Price_CHE
```

②删除字段，其一般格式如下：

ALTER TABLE <表名>

DROP〔COLUMN〕<字段名> {RESTRICT | CASCADE}

其中:

a. RESTRICT 方式, 删除该表时是有限制条件的。删除当前列时, 如果这个列上有其他的视图及约束的定义, 系统就拒绝删除该列。

b. CASCADE 方式, 删除该表时是没有限制条件的。在删除字段的同时, 将该列和相关约束一起删掉。

【例 4 - 12】删除例 4 - 10 定义的订单信息表 (Order_Information) 中的订单状态 (OrderCondition) 字段及相关约束。

```
1. ALTER TABLE Order_Information
2. DROP COLUMN OrderCondition CASCADE
```

(3) 修改表的列。

ALTER TABLE <表名>

ALTER COLUMN <列名> <数据类型>〔NULL | NOT NULL〕

使用这种方式时, 需要遵守以下限制:

①不能改变列名。

②不能将含有空值的列的定义修改为 NOT NULL 约束。

③若列中已有数据, 则不能减少该列的宽度, 也不能改变其数据类型。

④只能修改 NULL | NOT NULL 约束, 其他类型的约束在修改之前必须先删除, 然后再重新添加修改过的约束定义。

(4) 基本表的删除。

DROP TABLE <表名> {RESTRICT | CASCADE}

其中:

①RESTRICT 表示删除当前表时, 如果这个表上有其他的视图及约束的定义, 系统就拒绝删除该表。

②CASCADE 表示会将该表和使用该表的任何定义一起删掉。

4.2.4　索引管理

1. 索引的概念

索引是一种数据结构，可以和基本表存放在一个文件中，也可以存储在单独的文件中，主要作用是通过索引提高查询速度。在一个表上建立索引和生成一本书的目录相似。

（1）索引的优点：

①创建唯一性索引，可以保证数据库表中每一行数据的唯一性。

②大大加快数据的检索效率，这也是创建索引最主要的原因。

③加速表和表之间的连接，特别是在实现数据的参考完整性方面。

④在使用分组和排序子句进行数据检索时，可以显著减少查询中分组和排序的时间。

⑤通过使用索引，可以在查询的过程中使用优化隐藏器，提高系统的性能。

（2）索引的缺点：

①创建索引和维护索引耗费时间，这种时间随着数据量的增加而增加。

②索引需要占用物理空间，除了数据表占用数据空间之外，每一个索引还要占用一定的物理空间，如果要建立聚簇索引，那么需要的空间就会更大。

③当对表中的数据进行增加、删除和修改的时候，索引也需要动态的维护，这降低了数据的维护速度。

因此，索引的多少、在什么字段上建立索引等问题需要根据实际操作中的存取频率等特征来灵活考虑。

2. 索引的分类

按照索引记录的存放位置可分为聚集索引与非聚集索引。

①聚集索引：指按照索引的字段排列记录并依照排好的顺序将记录存储在表中。

②非聚集索引：指按照索引的字段排列记录，但是排列的结果并不会存储在表中，而是另外存储。

另外，唯一索引指的是表中每一个索引值只对应唯一的数据记录，这与表的 PRIMARY KEY 的特性类似，因此唯一性索引常用于 PRIMARY KEY 的字段上，以区别每一笔记录。当表中有被设置为 UNIQUE 的字段时，系统会自动建立一个非聚集的唯一性索引。而当表中有 PRIMARY KEY 的字段时，系统会在 PRIMARY KEY 字段上建立一个聚集索引。复合索引指的是将两个字段或多个字段组合起来建立的索引，而单独的字段允许有重复的值。

3. SQL 中关于索引操作的语句

（1）索引的建立。在 SQL 语言中，创建索引的语句的一般格式如下：

CREATE［UNIQUE］［CLUSERED］INDEX < 索引名 >

ON < 表名 > (< 列名 > ［ASC］｜［DESC］［, < 列名 > ［ASC］｜［DESC］］…)

其中：

①＜表名＞是要建立索引的基本表的名字。

②UNIQUE 表示建立的索引是唯一索引。

③CLUSERED 表示建立的索引是聚集索引。

④索引可以建立在该表的一列或多列上，各列名之间用逗号隔开。

⑤每个＜列名＞后面可以用 ASC 或 DESC 进行排序，默认值为 ASC。

【例 4 - 13】对书籍信息表（Book_Information）创建书籍编号索引。

```
1.  CREATE INDEX BookID_idx ON Book_Information (BookID ASC)
```

【例 4 - 14】对订单细节表（Order_List）中的下单时间和用户号建立索引。

```
1.  CREATE INDEX TimeUser_idx ON Order_List (OrderTime ASC,UserID DESC)
```

（2）索引的删除。删除索引的语句如下：

DROP INDEX ＜索引名＞ ON ＜表名＞

【例 4 - 15】删除例 4 - 13 和例 4 - 14 建立的索引。

```
1.  DROP INDEX BookID_idx ON Book_Information;
2.  DROP INDEX TimeUser_idx ON Order_List;
```

建立索引时，值得注意的是如果索引建立在一个需要不断更新的表中，当添加或修改一条记录时，索引将自动更新，这样会增加系统访问索引的开销。同时，虽然索引的数目是无限制的，但索引越多，更新数据的速度将越慢，因此不必为每个字段建立索引，只需在经常检索的字段上建立索引。

4.2.5 视图管理

1. 视图的概念

视图是根据用户需要从一个或多个基本表中执行查询语句后形成的虚表。视图与基本表不同，视图是一个虚表，数据库只存放视图的定义，而不存放视图对应的数据，即数据在物理上并没有存储在数据库中，而是仍然存放在原来的基本表中。从这个意义上来说，视图就像一个窗口，透过视图可以看到数据库中用户感兴趣的数据。

视图建立后，DBMS 只是将视图的定义储存在数据字典中，用户通过视图所看到的数据是存放在基本表中的，基本表数据的改变也将自动反映在由基本表产生的视图当中。

2. 视图的作用

（1）简单性。对于在多个表之间进行的查询，可以将复杂的查询语句封装在视图内部，简化用户对数据的理解。

（2）安全性。通过视图可以控制用户对数据的访问，用户只能查询和修改他们被授权所能见到的数据，对于数据库中的其他数据，用户则既看不见也取不到。通过视图，可以把用户限制在数据的不同子集上。

（3）逻辑数据独立性。视图可帮助用户屏蔽真实表结构变化带来的影响。应用程序的某些功能可以建立在视图之上，视图可以将程序与数据库表分割开来。

3. SQL 中关于视图操作的语句

（1）定义视图。定义视图的语句的一般格式如下：

CREATE VIEW <视图名>[（<列名> [， <列名>] …)]
As <子查询>
[WITH CHECK OPTION]

其中子查询可以是任意的 SELECT 语句，但要注意以下几点：

a. 子查询中不能包含 ORDER BY 子句。

b. 在定义视图时，只可选择指定全部视图列或全部视图列省略不写。如果省略了视图的属性列名，则视图的列名与子查询列名相同。

c. 在如下的三种情况中，必须明确地指定组成视图的所有列名：某个目标列不是单纯的属性名，而是计算函数或列表达式；多表连接时选出了几个同名列作为视图的字段；需要在视图中为某个列选用新的更合适的列名。

d. [WITH CHECK OPTION] 表示对视图进行 UPDATE，INSERT 和 DELETE 操作时要保证更新、插入或删除的行满足视图定义的谓词条件（即子查询中的条件表达式）。

①定义单源表视图。单源表视图是指视图来自一个基本表的查询结果。

【例 4 - 16】建立计算机类的图书的视图，命名为 COMPUTER_BOOK。
```
1.  CREATE VIEW COMPUTER_BOOK
2.  AS
3.  SELECT * FROM Book_Information WHERE CategoryID='C100100'
```

②定义多源表视图。多源表视图是指视图来自多个基本表的数据。

【例 4 - 17】建立关于订单号、书名、书号、分类类型、定购数量、下单时间的视图，命名为 ORDER_INFO。
```
1.  CREATE VIEW ORDER_INFO(OrderID, BooKName,ISBN, CategoryID,Quantity,
    OrderTime)
2.  AS
3.  SELECT OrderID,A.ISBN,A.BookName,CategoryID,Quantity,OrderTime
4.  FROM  Book_Information A JOIN Order_Information B
5.  ON A.BookID=B.BookID
```

③在已有视图上定义新视图。一个视图也可以从另一个视图中产生。

【例 4 – 18】在例 4 – 17 的基础上建立计算机类图书的视图，命名为 COMPUTER_ ORDER。

```
1. CREATE VIEW COMPUTER_ORDER
2. AS
3. SELECT * FROM ORDER_INFO WHERE CategoryID='C100100'
```

④定义带表达式的视图。定义视图时，可以根据需要设置一些从基本表中的列派生出来的属性列，在这些派生属性列中保存经过计算的值。

【例 4 – 19】定义一个反映图书折扣幅度的视图，命名为 SALE_DIS。

```
1. CREATE VIEW SALE_DIS(BookID,BookName,DisPrice)
2. AS
3. SELECT BookID,BookName, (Price-DiscountPrice)/Price FROM Book_
   Information
```

注意：如果子查询的选择列表中包含表达式或统计函数，而且在子查询中没有为这样的列指定列标题时，则需要在定义视图的语句中指定视图属性列的名字。

⑤含分组统计的视图。视图的子查询中允许含有 GROUP BY 子句。

【例 4 – 20】定义存放每个用户的用户号和性别的视图，命名为 USER_SEX。

```
1. CREATE VIEW USER_SEX(UserID,Sex)
2. AS
3. SELECT UserID,Sex FROM User_List GROUP BY Sex
```

（2）视图上的操作。视图与数据库的基本表相似，其操作与基本表一样。当通过视图修改数据时，实际上是在改变基本表中的数据。但是，如果视图定义涉及多个表和其他的约束条件，在视图基础上更新数据就会产生歧义，因此 SQL 采用了一种简单的方法，即定义了一种非常有限的视图类型作为可以更新的视图。限制条件如下：

①在 FROM 子句中只能涉及一张表，FROM 子句中不能有嵌套子查询。

②视图中不允许有库函数、GROUP BY 或 HAVING 子句和集合操作（UNION，EXCEPT，INSERT）。

③视图中 WHERE 子句的嵌套子查询不能指向视图定义中的 FROM 子句使用的表，嵌套子查询中不允许引用这个表。

④在 SELECT 子句中不允许使用表达式，也不允许使用 DISTINCT 关键字。

符合上述条件的视图定义可以进行更新数据的操作。允许用户更新的视图必须在定义时添加 WITH CHECK OPTION 子句。

【例 4 – 21】对例 4 – 16 所建的视图进行修改，把计算机类的、数据库类的书降低折扣。

```
1.  UPDATE COMPUTER_BOOK
2.  SET DiscountPrice=DiscountPrice*0.9
3.  WHERE BookName LIKE '%数据库%'
```

系统实际是将它转换成对基本表的更新：

```
1.  UPDATE Book_Information
2.  SET DiscountPrice=DiscountPrice*0.9
3.  WHERE BookName LIKE '%数据库%'
```

（3）删除视图。删除视图的语句的格式为：

DROP VIEW <视图名> ［CASCADE］

如果被删除的视图是其他视图的数据源，则会导致视图无法再使用。同样地，如果作为视图的基本表被删除了，则视图也将无法使用。如果使用了 CASCADE 语句，则会把视图和由其导出的所有视图一起删除。

【例 4 – 22】删除 COMPUTER_BOOK 视图

```
1.  DROP VIEW COMPUTER_BOOK
```

需要注意视图与查询的区别，视图和查询都是由 SQL 语句组成，这是它们的相同点，但是视图和查询有着本质区别。视图是数据库设计的一部分，系统将保存视图的定义语句，而查询的 SQL 语句则不会保存在系统中。

4.3　数据查询

4.3.1　概述

数据库查询是数据库的核心操作，而 SQL 语言提供了 SELECT 语句来进行数据库的查询，该语句有灵活的使用方式和丰富功能。其一般格式为：

SELECT ［ALL | DISTINCT］ <目标列表达式> ［，<目标列表达式>］…
FROM <表名或视图名> ［，<表名或视图名>］…
［WHERE <条件表达式>］

　　［GROUP BY < 列名 1 > ［HAVING < 条件表达式 > ］

　　ORDER BY < 列名 2 > ［ASC | DESC］;

　　整个 SELECT 语句的含义在于：从 FROM 子句中指定的基本表或者视图中，查询出满足 WHERE 子句的条件表达式的元组，然后按照 SELECT 子句中指定的列投影到结果表上。如果有 GROUP 子句，则将查询结果按照 < 列名 1 > 相同的值进行分组；如果 GROUP 子句后有 HAVING 短语，则只输出满足 HAVING 条件的元组；如果有 ORDER 子句，查询结果还要按照 < 列名 2 > 的值进行排序。

　　以下是对于 SELECT 语句的各个部分的详细说明：

　　①SELECT 子句。该子句用于指明查询结果集的目标列。目标列不仅可以是直接从数据源中投影得到的字段、与字段相关的表达式或数据统计的函数表达式，还可以是常量。如果目标列中使用了两个基本表（或视图）中相同的列名，那么就要在列名前加上表名予以限定，即使用"（表名）（列名）"表示。

　　②FROM 子句。该子句用于指明查询的数据源。查询操作需要的数据源指基本表（或视图表）组，基本表或视图表之间用","分隔。如果查询使用的基本表或视图不在当前数据库中，则还需要在表或视图前加上数据库名以作说明，即使用"（数据库名）（表名）"的形式表示。如果在查询中需要一表多用，则每种使用都需要一个表的别名标识，并在各自使用中用不同的表别名表示。定义表别名的格式为"（表名）（别名）"。

　　③WHERE 子句。该子句通过条件表达式描述关系中元组的选择条件。DBMS 处理语句时，以元组为单位，逐个考察每个元组是否满足条件，将不满足条件的元组筛选掉。条件表达式一般有：比较运算符、指定范围运算符、集合运算符、字符匹配运算符、逻辑运算符（AND、OR、NOT）、谓词（EXISTS、ALL、SOME、UNIQUE）、聚合函数（AVG、MIN、MAX、SUM、COUNT）以及 IS NULL。

　　④GROUP BY 子句。该子句的作用是将查询结果按属性列或属性列组合在行的方向上进行分组。当 SELECT 子句后的目标列中有统计函数时，如果查询语句中有分组子句，则为分组统计，否则为对整个结果集的统计。GROUP BY 子句后可以带上 HAVING 子句表达组选择条件，组选择条件是带有函数的条件表达式，它决定整个组记录的筛选条件。

　　⑤ORDER BY 子句。该子句的作用是对结果集进行排序。ORDER BY 子句的排序方式是可以指定的，分别为 ASC 和 DESC，当排序要求为 ASC 时，元组按排序列值的升序排序；排序要求为 DESC 时，元组按排序列值的降序排列。值得注意的是，ORDER BY 子句必须编写在其他子句之后。

4.3.2　单表查询

　　单表查询指的是只涉及一个表的查询。下面举例逐一说明单表查询语句的写法和用法。

1. 查询全部列

如果要输出表的所有字段，可以试用特殊的标记"＊"。

【例 4 - 23】输出用户表的所有内容。

```
1. SELECT *
2. FROM User_List
```

2. 查询指定列

【例 4 - 24】输出用户表（User_List）中用户的用户号（UserID）、账号（Account-Name）、密码（Password）。

```
1. SELECT UserID,AccountName,Password
2. FROM User_List
```

3. 查询不重复数据

可以使用 DISTINCT 关键字过滤掉多余的重复记录，比如在查找现有书籍的作者列表时，可能存在一个作者同时出版多本书的情况，导致查询的作者姓名重复，这时可以用 distinct 过滤多余的重复记录。例 4 - 25 显示了这种情况

【例 4 - 25】输出书籍信息表（Book_Information）中书籍的作者（Author）列表。

```
1. SELECT DISTINCT Author
2. FROM Book_Information
```

必须注意的是，在使用 DISTINCT 时必须将其放在开头，此外 DISTINCT 语句中 SELECT 显示的字段只能是 DISTINCT 指定的字段，其他字段不可能出现。

4. 查询经过计算的值

在 SELECT 语句中的 < 目标列表达式 > 除了可以是表中的属性列，也可以是表达式。

【例 4 - 26】通过书籍信息表（Book_Information）查询，得到每本书的 ISBN、书名、价格、折扣价格及折扣幅度。

```
1. SELECT ISBN,BookName,Author,Price,DiscountPrice,(Price Discount-
   Price)/Price
2. FROM Book_Information
```

可以用 AS 子句对作为表达式的列进行命名，修改如下：

```
1. SELECT ISBN,BookName,Author,Price,DiscountPrice,(Price-Discount-
   Price)/ Price  AS Discount
2. FROM Book_Information
```

5. 使用条件语句的查询

SELECT 语句使用的条件语句除了包含比较运算符、指定范围运算符、集合运算符、字符匹配运算符，还包含了空值以及逻辑运算符，具体如下表所示：

表 4 - 4　常用的查询条件

查询条件	谓词
比较	= , > , < , >= , <= ,! = , <> ,! > （不大于）,! < （不小于）
确定范围	BETWEEN…AND…, NOT BETWEEN…AND…
确定集合	IN, NOT IN
字符匹配	LIKE, NOT LIKE
空值	IS NULL, IS NOT NULL
多重条件（逻辑运算）	AND, OR, NOT

以下举例说明使用条件语句的查询。

【例 4 - 27】选择用户表（User_List）的男性用户。
```
1.  SELECT *
2.  FROM User_List
3.  WHERE Sex='男'
```

【例 4 - 28】在书籍信息表（Book_Information）中查找作者为"王斌会"以及"王英英"的图书，该操作需要用到 IN 子句。
```
1.  SELECT *
2.  FROM Book_Information
3.  WHERE Author IN('王斌会', '王英英')
```

IN 实际是和一系列的 OR 等价，上面的例子也可以写成：
```
1.  SELECT *
2.  FROM Book_Information
3.  WHERE Author ='王斌会' OR Author ='王英英'
```

【例 4 - 29】找出用户表（User_List）中所有广东的用户，该操作需要用到 LIKE 子句。
```
1.  SELECT *
2.  FROM User_List
3.  WHERE Address LIKE '广东%'
```

【例 4 - 30】找出用户表（User_List）中邮箱地址不为空的用户信息。
```
1.  SELECT *
2.  FROM User_List
3.  WHERE Email IS NOT NULL
```

【例 4 - 31】 在书籍信息表（Book_Information） 中找出王斌会编写的有关数据分析的书。

```
1.  SELECT *
2.  FROM  Book_Information
3.  WHERE Author='王斌会' AND BookName LIKE '%数据分析%'
```

6. 注释

在 SQL 中可使用两类注释符，单行注释和多行注释。

（1） 单行注释格式： -- 注释内容。由 " -- "（双减号） 开始，以新行结束。

（2） 多行注释格式： /＊注释内容＊/ 。"/＊" 用于注释文字的开头，" ＊/" 用于注释文字的结尾，可在程序中标识多行文字为注释。

【例 4 - 32】 注释例子。

```
1.  -- 查询王斌会编写的有关数据分析的书
2.  SELECT *
3.  FROM BOOK _Information.
4.  WHERE Author='赵洪帅' AND BookName LIKE '%数据分析%'
5.  /*查询满足两个条件：
6.  1.作者姓名为"王斌会"
7.  2.书籍名称中包含"数据分析"字样*/
```

4.3.3　连接查询

如果查询的信息分布在不同的表中，那就需要连接查询。利用几张表中相同的字段连接到需要的信息。

1. 多表连接查询

【例 4 - 33】 通过书籍信息表（Book_Information） 与出版社信息表（Press_Information） 查询书籍的书名以及书籍的出版社。

```
1.  SELECT Book_Information.BookName,Press_Information.*
2.  FROM Book_Information, Press_Information
3.  WHERE Book_Information.PressID=Press_Information.PressID
```

【例 4 - 34】 查询 "数据分析及 EXCEL 应用" 的书籍编号、订单号及订购量。

```
1.  SELECT ISBN,OrderID,Quantity
2.  FROM Book_Information,Order_Information
3.  WHERE Book_Information.BookID=Order_Information.BookID AND
    Book_Information.BookName='数据分析及 EXCEL 应用'
```

但上面的查询语句存在问题，因为输出字段中的 BookID 在两个相关的表中都有，因此必须指明具体的表。修改方式如下：

```
1. SELECT A.BookID,OrderID,Quantity
2. FROM  Book_Information A, Order_Information B
3. WHERE A.BookID=B. BookID AND A.BookName='数据分析及 EXCEL 应用'
```

【例 4 – 35】查询至少有 2 笔订单的图书的基本信息。

```
1. SELECT DISTINCT A.BookID,A.OrderID,A.Quantity ,C.BookName,C.Author,
   C.Price
2. FROM Order_Information A, Order_Information B, Book_Information C
3. WHERE B.BookID=A.BookID AND B.OrderID<>A.OrderID
```

【例 4 – 36】查询出暨南大学出版社出版的图书的订单号。

```
1. SELECT *
2. FROM Book_Information A, Press_Information B, Order_Information C
3. WHERE A.PressID=B.PressID AND A.BookID=C.BookID AND B.PressName=
   '暨南大学出版社'
```

2. 自连接查询

如果在一个连接查询中，涉及的两个表都是同一个表，这种查询就称为自连接查询。同一张表在 FROM 字句中多次出现，为了区别该表的每一次出现，需要为表定义一个别名。自连接是一种特殊的内连接，它是指相互连接的表在物理上为同一张表，但可以在逻辑上分为两张表。

【例 4 – 37】查询至少有 2 笔订单的图书的书号。

```
1. SELECT DISTINCT A.BookID,A.OrderID,A.Quantity
2. FROM Order_Information A, Order_Information B
3. WHERE B.BookID=A.BookID AND B.OrderID<>A.OrderID
```

3. 子查询

（1）嵌套查询。在 SQL 语言中，一个 SELECT – FROM – WHERE 语句称为一个查询块。在一个查询块的 WHERE 子句或 HAVING 短语的条件中包含另外一个查询块的查询，称为嵌套查询。

【例 4 – 38】查询由"暨南大学出版社"出版的图书名称。

```
1. SELECT BookName                  -- 外层查询或父查询
2. FROM Book_Information
3. WHERE PressID IN                  -- 内层查询或子查询
4.    (SELECT PressID FROM Press_Information WHERE PressName='暨南大学
   出版社')
```

在上面的例子中，上层的查询块称为外层查询或父查询，下层查询块称为内层查询或子查询。

SQL 允许多层嵌套查询，即一个子查询还可以嵌套其他子查询，但是子查询的 SE-LECT 语句中不能使用 ORDER BY 子句，ORDER BY 子句只能对最终查询结果排序。

一般来说子查询有以下 3 种使用方法：

①SELECT…FROM…WHERE 　元组　　　　比较运算符　［ANY | ALL］（子查询）

②SELECT…FROM…WHERE 　元组　　　　［NOT］ IN （子查询）

③SELECT…FROM…WHERE 　　　　　　　［NOT］　　EXISTS （子查询）

以上描述的例子均为普通子查询，执行顺序是：首先执行子查询，然后把子查询的结果作为主查询的查询条件的值，再运行主查询。普通子查询只执行一次，主查询用每个元组来匹配子查询的结果值。

（2）相关子查询。相关子查询就是在主查询中定义了变量而在内部子查询中使用了它们，可以理解为运行嵌套查询时需要将主查询中的每一个元组的某个或某些属性和子查询的结果相比较，或参与到主查询中。这种有相关性的子查询类似于程序设计语言中的 Begin/End 程序块，而且与变量的作用范围相关。下面的例子描述了相关子查询。

【例 4 – 39】查询收货人王华收到的图书的订单号及订货人的姓名。

```
1.  SELECT O.BookID,U.TName
2.  FROM Order_Information O, User_List U
3.  WHERE O.OrderID IN
4.  -- 王华所收到的图书的订单号
5.    (SELECT R.OrderID
6.     FROM Order_List R
7.     WHERE U.UserID=R.UserID AND Consignee ='王华')
```

在此查询中，R 称为表的别名，也可以认为是一个变量的作用范围被限制在子查询中。变量 U 在主查询和子查询中都是可见的，它将子查询的结果与主查询的元组关联。对于 U. UserID 的每一个值，子查询把 U. UserID 作为一个常量进行独立计算。内部子查询每计算一次，O. OrderID 的值就与返回值进行一次检验。对于 User_List 的每一行，子查询至少需要重新计算一次，这也就是有相关性的子查询的代价。

4. 外连接查询

数据库表的连接分为内连接和外连接，外连接包括三种，分别是左向外连接、右向外连接、完全外连接。这些不同的连接方式可以在查询语句的 FROM 子句中指定。

（1）内连接。内连接的格式如下：

TABLE1 INNER JOIN TABLE2 ON 连接条件

其处理过程是通过两个表的公共字段值的比较运算符的运算，找出两个表中的匹配记录，生成一个新的关系。

【例 4 - 40】查找出图书及相关出版社的详细信息。

```
1.  SELECT *
2.  FROM Book_Information INNER JOIN Press_Information
3.  ON Book_Information.PressID=Press_Information.PressID
```

【例 4 - 41】查询所有下了订单的用户的账号、地址、电话。

```
1.  SELECT User_List.UserID,Account,Address,Tel
2.  FROM User_List INNER JION Order_List
3.  ON User_List.UserID=Order_List.UserID
4.  GROUP BY User_List.UserID
```

（2）外连接

①左向外连接。左向外连接（LEFT JOIN 或 LEFT OUTER JOIN）显示符合条件的数据行以及左边表中不符合条件的数据行，此时右边数据行会以 NULL 来显示。左向外连接的格式如下：

TABLE1 LEFT JOIN TABLE2 ON 连接条件

使用左向外连接进行查询的结果集将包括 TABLE 1 的所有记录，不仅仅是连接字段所匹配的记录。如果 TABLE 1 中有些记录在 TABLE 2 中没有匹配记录，结果集中相应的 TABLE 2 的所有字段为空。

【例 4 - 42】查询所有图书的订购信息。

```
1.  SELECT *
2.  FROM  Book_Information LEFT JOIN Order_Information
3.  ON Book_Information.BookID= Order_Information.BookID
```

【例 4 - 43】查询所有下了订单的用户的账号、地址、电话。

```
1.  SELECT User_List.UserID,Account,User_List.Address,User_List.Tel
2.  FROM  User_List LEFT JOIN Order_List
3.  ON User_List.UserID=Order_List.UserID
4.  GROUP BY User_List.UserID
```

比较一下例 4 - 40 与例 4 - 42，会发现左向外连接将会求出所有用户的个人信息，如果用户还没有下订单，那么个人信息为 NULL。

②右向外连接。右向外连接（RIGHT JOIN 或 RIGHT OUTER JOIN）显示符合条件的

数据行以及右边表中不符合条件的数据行，此时左边数据行会以 NULL 来显示。右向外连接的格式如下所示：

TABLE1 RIGHT JOIN TABLE2 ON 连接条件

使用右向外连接进行查询的结果集将包括 TABLE2 的所有记录，不仅仅是连接字段所匹配的记录。如果 TABLE2 中有某些记录在 TABLE1 中没有匹配记录，结果集中相应的 TABLE1 的所有字段为空。

③全向外连接。全向外连接（FULL JOIN 或 FULL OUTER JOIN）显示符合条件的数据行以及左边表和右边表中不符合条件的数据行，此时缺乏数据的数据行会以 NULL 来显示。全向外连接的格式如下：

TABLE1 FULL JOIN TABLE2 ON 连接条件

使用全向外连接进行查询的结果集将包括两个表的所有记录，当某一条记录在另一个数据表中没有匹配记录时，另一个数据表的所有字段为空。

4.3.4 谓词查询

1. ALL

当子查询返回的是一个集合时，需要在比较运算符前插入 ANY 或者 ALL，但 ANY 和 ALL 的含义不同。ALL 表示主查询中的元组必须满足子查询结果集中的每一个值的比较关系，而 ANY 则表示主查询中的元组只需要满足子查询结果集中的至少一个值的比较关系，下面举例说明。

【例 4 - 44】查找比计算机类图书库存量大的图书的详细信息。计算机类图书的库存量是一个集合，根据题意，需要用 > ALL 来完成。

```
1.  SELECT *
2.  FROM  Book_Information
3.  WHERE TotalNum >ALL
4.  -- 查找所有计算机类图书的库存量
5.    (SELECT TotalNum
6.      FROM Book_Information
7.      WHERE CategoryID='C100100')
```

例 4 - 44 先执行子查询，找到计算机类图书的库存，它是由一组值构成的集合。再执行主查询，从 Book_Information 表中找到每一条记录，查看是否匹配子查询的全部值。

【例 4 - 45】查找至少比计算机类的某一本书价钱高的其他类图书的详细信息。计算机类的书价是一个集合，但根据题意，只要比任意一本计算机类的图书的价钱高就是满足条件的元组，需要用 > ANY 来完成。

```
1.  SELECT * FROM  Book_Information WHERE Price>ANY
2.  -- 查找最高的价格
3.    ( SELECT Price
4.      FROM Book_Information
5.      WHERE CategoryID='C100100')
```

例 4 – 45 先执行子查询，找到计算机类图书的价钱，它是由一组值构成的集合。再执行主查询，从 Book_Information 表中找到每一条记录查看是否匹配子查询的某一个值。

2. IN

判断主查询的元组是否在子查询的结果集中。IN 操作符的含义是：如果元组在集合内，则逻辑值为真，否则为假。

【例 4 – 46】查找没有下订单的用户。

```
1.  SELECT * FROM  User_List WHERE UserID NOT IN
2.  --查找没有下订单的用户
3.  (SELECT DISTINCT UserID FROM Order_List)
```

3. EXISTS

带有 EXISTS 谓词的子查询不返回任何数据，只产生逻辑真值"True"或逻辑假值"False"。

【例 4 – 47】查找没有销售记录的书。

```
1.  SELECT * FROM Book_Information A WHERE NOT EXISTS
2.  -- 查找没有销售记录的书
3.  (SELECT * FROM Order_Information B WHERE A.BookID=B.BookID)
```

例 4 – 47 的查询过程是先取书籍信息表的第一条记录，由于子查询的条件涉及书的 BookID，取出第一条记录的 BookID 值，然后进入子查询。在子查询中扫描订单细节表的每一条记录，判断 Book_Information 表的记录中的 BookID 是否都不满足条件，也就是说，如果子查询的结果为空，则 Book_Information 表的这个记录是需要的。然后逐一检查每一行，直到把表的所有行都检查完。

NOT EXISTS 表示子查询的结果为空值，则主查询的结果就是所需要的数据；而 EXISTS 表示子查询的结果为有任意值时，则主查询的结果就是所需要的数据。即 NOT EXISTS 不返回结果集时，为真；而 EXISTS 返回结果集时，为真。

【例 4 - 48】查找购买了全部计算机类图书的用户号。

从用户表中提出用户号，对于图书表中的每一类计算机的图书，在订单细节表中都可以找到匹配的记录，即需要的记录，即 A. UserID = C. UserID AND B. BookID = C. BookID，其中 A 代表用户表，B 代表书籍信息表，C 代表订单信息表，L 代表订单细节表。

```
1.  SELECT UserID FROM User_List A WHERE EXISTS
2.  (SELECT * FROM User_List B WHERE B.CategoryID='C100100' AND EXISTS
3.      (SELECT * FROM Order_Information C JOIN Order_List L
4.          WHERE A.UserID = L.UserID AND C.OrderID = L.OrderID AND B.BookID =
    C.BookID)
5.  )
```

4.3.5 聚集函数的应用

为了进一步方便用户以及增强检索功能，SQL 提供了许多聚集函数，主要提供了 5 种聚集函数：

(1) COUNT（［DISTINCT | ALL］＜字段名＞）：计算查询结果在某字段上的值的数目。

(2) SUM（［DISTINCT | ALL］＜字段名＞）：计算指定字段的值的总和，字段必须是数字型。

(3) AVG（［DISTINCT | ALL］＜字段名＞）：计算指定字段的值的平均值，字段必须是数字型。

(4) MAX（［DISTINCT | ALL］＜字段名＞）：计算指定字段的值的最大值。

(5) MIN（［DISTINCT | ALL］＜字段名＞）：计算指定字段的值的最小值。

如果指定 DISTINCT，则表示即使有相同的值也只被计算一次，如果不指定 DISTINCT 或指定 ALL，则表示不取消重复值。

【例 4 - 49】查询用户的数目。

```
1.  SELECT COUNT(DISTINCT UserID)
2.  FROM  User_List
```

【例 4 - 50】查询有购买经历的用户数目。

```
1.  SELECT COUNT(DISTINCT UserID)
2.  FROM Order_List
3.  WHERE OrderStatus ='已支付'
```

【例 4 - 51】查询库存量最少的书的信息。

```
1.  SELECT *
2.  FROM Book_Information
3.  WHERE TotalNum =(SELECT MIN(TotalNum) FROM Book_Information)
```

【例 4 – 52】查询所有订单应付书费的总和。
```
1.  SELECT SUM(Quantity * DiscountPrice)
2.  FROM Book_Information A, Order_Information B
3.  WHERE A.BookID=B.BookID
```

4.3.6 查询分组与排序

在 SQL 中有 GROUP BY 和 ORDER BY 对数据进行分组与排序，其语法格式如下：

SELECT ［ALL｜DISTINCT］＜目标列表达式＞［，＜目标列表达式＞］…
FROM ＜表名或视图名＞［，＜表名或视图名＞］…
［WHERE ＜条件表达式＞］
［GROUP BY ＜列名 1＞［HAVING ＜条件表达式＞］
ORDER BY ＜列名 2＞［ASC｜DESC］；

（1）数据分组。如果要将输出的结果进行分组，可以使用 GROUP BY 子句。GROUP BY 子句将查询结果按照 GROUP BY 后的字段进行分组，值相等的为一组，之后再进行统计等操作。值得注意的是，在使用 GROUP BY 进行查询时，SELECT 子句中的每个列要么在 GROUP BY 中被使用，要么必须是一个库函数的结果。

【例 4 – 53】将图书按出版社进行分组并统计库存量。
```
1.  SELECT PressID,SUM(TotalNum)
2.  FROM Book_Information
3.  GROUP BY PressID
```

【例 4 – 54】按书名统计订单的总量。
```
1.  SELECT B.BookName,COUNT(OrderID) AS OrderNum
2.  FROM Book_Information A,Order_Information B
3.  WHERE A.BookID=B.BookID
4.  GROUP BY BookName
```

（2）HAVING 子句。HAVING 子句是与 GROUP BY 子句结合使用的。用户可以利用 HAVING 子句对分组后的数据按照一定的条件进行筛选。注意：HAVING 子句的条件是应用到 GROUP BY 子句的分组上，而不是应用到单独的元组上。

【例 4 – 55】查找订书量在 2 本以上的用户号。
```
1.  SELECT B.UserID
2.  FROM Order_Information A,Order_List B
3.  WHERE A.OrderID=B.OrderID
4.  GROUP BY B.UserID
5.  HAVING SUM(Quantity)>2
```

（3）ORDER BY 子句。SQL 提供 ORDER BY 子句为查询结果排序。ORDER BY 中的属性名必须是查询结果中的字段名。ORDER 子句用 ASC、DESC 确定结果输出是按升序排列还是按降序排列。以上所讲的例子都可以指定 ORDER BY 子句来确定输出的行顺序。

【例 4 - 56】查询没有销售记录的书，按出版社编号对结果进行排序。

```
1.  SELECT * FROM Book_Information A WHERE NOT EXISTS
2.  -- 查找没有销售记录的书
3.    (SELECT * FROM Order_Information B WHERE A.BookID=B.BookID)
4.  ORDER BY PressID DESC
```

【例 4 - 57】将图书按类别分组统计库存量。

```
1.  SELECT CategoryID,SUM(TotalNum)  AS  Book_Num
2.  FROM Book_Information
3.  GROUP BY CategoryID
4.  ORDER BY CategoryID DESC, Book_Num ASC
```

当在一个 SQL 查询中同时使用了 WHERE 子句、GROUP BY 子句、HAVING 子句、ORDER BY 子句，其处理顺序是 FROM – WHERE – GROUP BY – HAVING – ORDER BY – SELECT。

4.4　数据更新

4.4.1　插入数据

常见的数据插入操作有四种情况：单个元组插入、多元组插入、查询结果插入、表记录插入。下面分别说明各种情况的实现方法。

（1）单个元组插入。语法格式为：

INSERT INTO ＜表名＞［（＜列名 1＞［，＜列名 2＞…］）］ VALUES（＜值＞）

其中，＜列名＞是可选项，指定待添加数据的列；VALUES 子句指定需要添加的数据的具体值。列名的排列顺序不一定要和表定义时的顺序一致，但当没有指定列名时，VALUES 子句值的排列顺序必须和列名表中的列名排列顺序一致、数据类型对应、数据个数相等。

【例 4 - 58】向用户表插入一条新记录（用户号：'U008'，账号：'KIDS'，密码：'654321'，姓名：'王健'，性别：'男'，地址：NULL，邮编：NULL，电话：NULL，Email：NULL）。

```
1.  INSERT INTO User_List
2.  VALUES('U008','KIDS','654321','王健','男',NULL,NULL,NULL,NULL)
```

INTO 子句中没有指定列名，因此新插入的记录必须在每个属性列上均有值，且 VALUES 子句中值的排列顺序要和表中各属性列的排列顺序一致。用逗号 "，" 分隔各个数据项的值，字符型数据要用单引号 "'" 括起来。

【例 4-59】向出版社信息表中插入一条新记录（出版社编号：'P008'，出版社名称：'西安电子科技大学出版社'）。

```
1.  INSERT INTO Press_Information(PressID,PressName)
2.  VALUES ('P008','西安电子科技大学出版社')
```

按照 INTO 子句中指定列名的顺序，将 VALUES 子句中的值插入到表中。对于 INTO 子句中没有出现的列，新插入的记录在这些列上将取空值。要注意在表定义时，有 NOT NULL 约束的列不能插入空值。

（2）多元组插入。语法格式如下：

INSERT INTO 基本表名［（列表名）］
VALUES(元组值)，(元组值)，(元组值)；

【例 4-60】向订单信息表中插入 2 条记录：（订单号：'2013004'，书籍编号：'K0004'，书名：'A001'，下单时间：2022/01/02，下单数量：10）、（订单号：'2014005'，书籍编号：'K0005'，书名：'A002'，下单时间：2022/02/03，下单数量：5）。

```
1.  INSERT INTO Order_Information
2.  VALUES('2013004','K0004','A001',2022/01/02,10),
3.      ('2014005','K0005','A002',2022/02/03,5);
```

（3）查询结果插入。将子查询的结果集一次性插入到基本表中。语法格式如下：

INSERT INTO 基本表名［（列表名）］ 子查询

【例 4-61】出于工作需要，把运输中的订单全部插入到一个新建的并和订单信息表结构相同的表中，该表称为在途货物表（In_transit）。

```
1.  INSERT INTO In_transit
2.  SELECT * FROM Order_List WHERE OrderStatus='运输中'
```

（4）表记录插入。将一张表的记录插入到另一张表中，语法格式如下：

INSERT INTO 基本表名 1 ［（列表名）］ TABLE 基本表名 2

假设网上书店还延续了传统的书店业务，需要把分公司的订单信息表都统一存在总公司的订单信息表中（BEIJI_Order_Information）。

```
1.  INSERT INTO Order_Information (OrderID,BookID,Quantity)
2.  TABLE BEIJI_Order_Information
```

注意：这种插入要求第一个表拥有第二个表的所有字段。

4.4.2　修改数据

修改数据语法格式如下：

UPDATE < 表名 >
SET < 列名 > = < 表达式 >［, < 列名 > = < 表达式 >］
［WHERE < 条件表达式 >］

其功能是修改表中满足 WHERE 子句条件的元组的值，其中 SET 子句表示用 < 表达式 > 的值取代相应的属性列值。如果省略了 WHERE 子句，则表示修改表中的所有元组。

【例 4 - 62】修改账号是 Spring 的邮箱为 kiddy @ gmail. com。

```
1.  UPDATE User_List
2.  SET Email='kiddy@gmail.com'
3.  WHERE Account='Spring'
```

【例 4 - 63】将账号是 Spring 的订单细节表中的收货人、收货人地址修改为"程怡""暨南大学"。

```
1.  UPDATE Order_List
2.  SET Consignee='程怡',Address='暨南大学'
3.  WHERE UserID IN (SELECT  UserID FROM User_List WHERE Account=
    'Spring')
```

在 UPDATE 子句中不允许使用元组变量，也就是说不允许出现多表的修改。例4 - 63 牵扯两张不同的表，但只是更新一张表，因此比较复杂的更新需要用到嵌套查询来完成。

【例 4 - 64】将计算机类的图书的折扣降低 10%。

```
1.  UPDATE Book_Information
2.  SET DiscountPrice=DiscountPrice*0.9
3.  WHERE CategoryID='C100100'
```

4.4.3 删除数据

删除语句的一般格式为:

DELETE FROM < 表名 > ［WHERE < 条件 > ］

DELETE 语句的功能是从指定表中删除满足 WHERE 子句条件的所有元组。如果省略 WHERE 子句,则表示删除表中的全部元组,但表的定义仍在字典中。DELETE 语句在 FROM 子句中被严格限制,程序员只能指定一个基本表,对该表的元组进行删除。如果希望删除多个表的记录,要么为每一张表写一个删除语句,要么设置触发器进行级联删除操作。

【例 4 - 65】在订单信息表中删除订单号是 2022001 的记录。

```
1.  DELETE FROM Order_Information
2.  WHERE OrderID='2022001'
```

【例 4 - 66】取消账号 Spring 的订单。

```
1.  DELETE FROM Order_List WHERE UserID IN
2.  (SELECT UserID FROM User_List WHERE Account='Spring')
```

4.5 数据控制

4.5.1 概述

数据控制语言（DCL）是设置或者更改数据库用户或角色权限的语句,这些语句包括 GRANT、DENY、REVOKE 等。在默认状态下,只有 sysadmin、dbcreator、db_owner 或 db_securityadmin 等角色的成员才有权利执行数据控制语言。

在计算机系统中,安全措施是一级一级设置的,其可以理解为如下的模型:

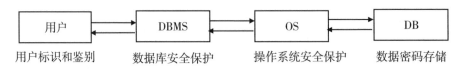

图 4 - 2　计算机系统安全模型

当用户进入计算机系统时，系统首先根据输入的用户标识鉴定身份，只有合法的用户才准许进入系统。对已进入系统的用户，DBMS 还要进行存取控制，只允许用户进行合法的操作。

　　DBMS 是建立在操作系统之上的，操作系统应能保证数据库中的数据必须由 DBMS 访问，而不允许用户越过 DBMS 直接通过操作系统访问。数据最后可以通过密码的形式存储在数据库中。

4.5.2　数据库权限相关概念

　　数据库中的数据由多个用户共享，为保证数据库的安全，SQL 语言使用数据控制语句对数据库进行统一的控制管理。

　　1. 权限

　　权限指用户或应用程序使用数据库的方式。在 SQL 中，提供了 6 类权限供用户选择：

　　①SELECT：表示权限授予查询语句。

　　②DELETE：表示权限授予删除语句。

　　③INSERT［列名表］：列名表是可选项，表示权限授予指定的列，对指定的字段进行插入。

　　④UPDATE［列名表］：列名表是可选项，表示权限授予指定的列，对指定的字段进行修改。

　　⑤REFERENCES［列名表］：列名表是可选项，表示哪些列可以参照完整性成为外键的取值范围。

　　⑥USAGE：表示允许用户使用已定义的域。

　　（1）系统权限与对象权限。

　　①系统权限。系统权限是指数据库用户能够对数据库系统进行某种特定操作的权利，如创建一个基本表（CREATE TABLE）。

　　②对象权限。对象权限是指数据库用户在指定的数据库对象上进行某种特定操作的权利，如查询（SELECT）、插入（INSERT）、修改（UPDATE）和删除（DELETE）等操作。

　　（2）访问权限与修改数据库结构的权限。

　　①访问权限。

　　a. 查询权限：允许用户对基本表、视图使用 SELECT 语句进行查询。

　　b. 插入权限：允许用户插入新的数据，但不能修改数据。

　　c. 删除权限：允许用户删除数据。

　　d. 修改权限：允许用户修改数据，但不能删除数据。

　　②修改数据库结构的权限。

　　a. 对基本表有修改表结构和建立索引的权限。

　　b. 在数据库中有建立新表的权限，以及对新表进行操作的权限。

    c. 使用数据库空间存储基本表的权限。

    d. 建立新数据库的系统权限。

    2. 角色

    数据库管理员可根据需要把角色授予相关用户或其他角色。

    当要为某一用户同时授予或收回多项权限时，可以把这些权限定义为一个角色，对此角色进行操作，这样就避免了许多重复性的工作，简化了管理数据库用户权限的工作。

    3. 授权

    定义一个用户的存取权限就是要定义某个用户可以在哪些数据库对象上进行哪些类型的操作，而在数据库中，定义存取权限就称为授权。

    在非关系系统中，用户只能对数据进行操作，存取控制的数据库对象仅限于数据本身。而在关系数据库系统中存取控制的对象不仅有数据本身（即基本表中的数据、属性列上的数据），同时还有数据库模式（包括了数据库 SCHEMA、基本表 TABLE、视图 VIEW 和索引 INDEX 的创建）等，表 4 – 5 列出了主要的存取权限。

表 4 – 5　关系数据库系统中的存取权限

对象类型	对象	操作类型
数据库	模式	CREATE SCHEMA
	基本表	CREATE TABLE，ALTER TABLE
模式	视图	CREATE VIEW
	索引	CREATE INDEX
数据	基本表和视图	SELECT，INSERT，UPDATE，DELETE，REFERENCES，ALL PRIVILEGES
	属性列	SELECT，INSERT，UPDATE，REFERENCES，ALL PRIVILEGES

4.5.3　授权与撤销

    1. 授权语句

    DBA（数据库管理员）或表的拥有者可以授予其他已存在用户关于该对象的某些指定权限，用 GRANT 语句定义。结构如下：

GRANT < 权限表 > | ALL PRIVILEGES
ON < 数据库对象 >
TO < 用户名表 > | PUBLIC ［WITH GRANT OPTION］

    其中权限表包含了以上所述的 6 种权限，如果需要包含所有权限可以用 ALL PRIVILEGES 来代替。数据库对象包括基本表、视图、域。PUBLIC 表示把权限授予所有用户，

WITH GRANT OPTION 这个任选项表示获得了某种权限的用户可以把权限授予别的用户。

【例 4-67】把查询和修改用户表的用户名、密码的权限授予 LIU。

1. GRANT SELECT,UPDATE(Account,Password) ON TABLE User_List TO LIU

【例 4-68】把对用户表的所有用户权限授予 ZHANGYONG、YANGHUI，并允许他们再授权。

1. GRANT ALL PRIVILEGES ON TABLE User_List
2. TO ZHANGYONG,YANGHUI
3. WITH GRANT OPTION

【例 4-69】把对订单细节表的查询权限授予所有的用户。

1. GRANT SELECT ON TABLE Order_List TO PUBLIC

【例 4-70】YANGHUI 将对书籍信息表的查询权限授予用户 LIHUA。

1. GRANT SELECT ON TABLE Book_Information TO LIHUA

【例 4-71】允许用户 WU 在创建新表时引用书籍信息表的主键作为外键。

1. GRANT REFERENCE (BookID) ON Book_Information TO WU

【例 4-72】允许用户 HAN 使用已定义的域 Grant。

1. GRANT USAGE ON DOMAIN grand TO HAN

2. 回收权限

撤销权限或撤销授权可以用 REVOKE 语句定义，语句格式如下：

REVOKE［GRANT OPTION FOR］＜权限表＞
ON＜数据库对象＞
FROM＜用户名表＞［CASCADE | RESTRICT］

GRANT OPTION FOR 表示收回转授权限的权利，不是收回转授出去的权限。CAS-CADE 选项表示如果撤销权限的用户包含 USER_1，而 USER_1 已将权限传递给另一个用户 USER_2，则 USER_2 的权限也要被撤销。RESTRICT 选项表示如果要被撤销的用户存在这种相互传递权限的依赖关系，系统拒绝执行 REVOKE 语句。

【例4-73】撤销 LIU 对用户表中账号和密码的查询和更新权限。

1. REVOKE SELECT,UPDATE(Account,Password)
2. ON TABLE User_List FROM LIU

【例4-74】撤销 ZHANGYONG 对用户表的 UPDATE 权限并连锁收回。

1. REVOKE UPDATE ON TABLE User_List
2. FROM ZHANGYONG CASCADE

【例4-75】收回 YANGHUI 授予用户 LIHUA 查询书籍信息表的权限。

1. REVOKE GRANT OPTION FOR SELECT ON TABLE Book_Information
2. FROM YANGHUI

4.6 存储过程

4.6.1 存储过程的概念与作用

1. 存储过程的概念

存储过程是使用 SQL 语句、变量定义语句、流程控制语句等编写的独立程序模块，它被预先编译好，以独立的数据库对象存储在数据库服务器端的数据库中。存储过程可以接受参数，返回结果值，使用时可以被应用程序调用。

存储过程提供了一种高效和安全的访问数据库的方法，在大型网络数据库应用中有着非常重要的地位。其可以作为一个独立的数据库对象，也可以作为一个模块供用户的应用程序调用，减少了网络的通信量。

2. 存储过程的作用

（1）存储过程能够减少网络流量。存储过程是在服务器端执行的，只需要将结果集传送给应用程序。例如，可以在存储过程中使用游标来对结果集进行逐行分析，最后只需要将单个值传回给应用程序。如果不使用存储过程，则需要在应用程序中使用游标，那么整个结果集必须被返回给应用程序，从而导致网络负载大大增加。

（2）存储过程能够实现较快的执行速度。因为存储过程是预编译的，在首次运行一个存储过程时，查询优化器会对其进行分析、优化，并给出被存在系统表中的执行计划。再次运行存储过程时，数据库已对其进行了语法和句法分析，这种已经编译好的过程可极大地改善 SQL 语句的性能。但嵌入式的 SQL 语句是在应用程序每次执行之时才进行编译和优化的，因此执行效率相对要低一些。

（3）保证数据库的安全性和完整性。系统管理员通过限制某一存储过程的权限，能够实现对相应的数据访问权限的限制，避免非授权用户对数据的访问，保证数据的安全。

（4）简化开发和系统维护。程序员不需要知道数据库模式的详细内容，所有的数据库访问都可以被封装到存储过程中。程序员只需要知道如何调用并获得结果即可，对于系统维护也只需要对单独的存储过程进行更新和维护即可。

4.6.2 存储过程的编写

以下介绍在 MySQL 中如何通过 SQL 语句来创建、执行和删除存储过程。

1. 创建存储过程

（1）存储过程语法。在 MySQL 中创建存储过程的一般语法如下：

CREATE
    ［DEFINER = ｛user｜CURRENT_USER｝］-- 定义有权限调用此存储过程的用户，只有 super 用户才能使用 definer
    PROCEDURE sp_name（［proc_parameter［,...］］）-- 存储过程名
       ［characteristic ...］routine_body -- 特征性的路由本体

proc_parameter：-- 存储过程参数
    ［IN｜OUT｜INOUT］param_name type -- 输入输出的参数类型

characteristic：-- 特征描述
    COMMENT 'string'
  ｜LANGUAGE SQL
  ｜［NOT］DETERMINISTIC
  ｜｛CONTAINS SQL｜NO SQL｜READS SQL DATA｜MODIFIES SQL DATA｝
  ｜SQL SECURITY｛DEFINER｜INVOKER｝

routine_body：
    Valid SQL routine statement -- 有效的路由声明

［begin_label：］BEGIN
  ［statement_list］
      ……
END［end_label］

以上语法中的各部分说明如表 4 - 6 所示。

表 4 - 6　MySQL 存储过程中的关键语法

创建存储过程各部分	语法表现
声明存储过程	CREATE PROCEDURE demo_in_parameter（IN p_in int）
存储过程开始和结束符号	BEGIN…END
变量赋值	SET @ p_in = 1
变量定义	DECLARE l_int int unsigned default 4000000
创建 MySQL 存储过程、存储函数	create procedure 存储过程名（参数）
存储过程体	create function 存储函数名（参数）

此外，默认情况下，存储过程和默认数据库相关联，如果想指定存储过程创建在某个特定的数据库下，就在过程名前面加数据库名做前缀。在这种情况下，定义存储过程时可使用 DELIMITER $$ 命令将结束符号从分号 ";" 临时改为 " $$ "，这样会使过程中使用的分号被直接传递到服务器，而不会被客户端（如 MySQL）所解释。

【例 4 - 76】创建一个存储过程，根据提供的用户号，将其从 User_List 表中删除。

1.　DELIMITER $$　　#将语句的结束符号从分号；临时改为两个$$(可以是自定义)
2.　CREATE PROCEDURE Delete_User(IN P_UserID char(40))
3.　BEGIN
4.　　　DELETE FROM User_List　WHERE UserID = P_UserID;
5.　END $$
6．DELIMITER；　　#将语句的结束符号恢复为分号

（2）存储过程的参数。MySQL 存储过程的参数用于存储过程的定义，它共有三种参数类型，IN，OUT，INOUT，形式如：

CREATE PROCEDURE 存储过程名([[IN ｜ OUT ｜ INOUT]参数名 数据类型...])

①IN 输入参数：表示调用者向过程传入值（传入值可以是字面量或变量）。

②OUT 输出参数：表示过程向调用者传出值（可以返回多个值，传出值只能是变量）。

③INOUT 输入输出参数：既表示调用者向过程传入值，又表示过程向调用者传出值（值只能是变量），但建议尽量少用。

例 4 - 76 展示了 IN 输入变量的使用情况，例 4 - 77 展示了 OUT 输出变量的使用情况。

【例 4 - 77】创建一个存储过程，根据提供的用户 ID，查询其对应的姓名。

1. DELIMITER $$ #将语句的结束符号从分号；临时改为两个$$(可以是自定义)
2. CREATE PROCEDURE Find_User(IN P_UserID char(40), OUT P_TName char(40))
3. BEGIN
4.   SELECT Tname INTO p_TName FROM User_List WHERE UserID= P_UserID ;
5. END $$
6. DELIMITER；

（3）控制语句。在存储器中可以控制语句实现一些复杂的功能，MySQL 存储过程的控制语句如表 4 - 7 所示。

表 4 - 7 MySQL 存储过程的控制语句

条件语句	循环语句
if-then-else 语句 case 语句	while … end while repeat … end repeat loop … end loop ITERATE 迭代

2. 执行存储过程

执行储存过程可以使用 CALL 来进行，其语法格式如下：

CALL PROCEDURE < 过程名 >（［参数 1，参数 2，…]）

【例 4 -78】通过存储过程删除用户 U0001 的信息。
1. CALL Delete_User ('U0001');

3. 删除存储过程

删除储存过程，可以使用 DROP PROCEDURE 来进行，其语法格式如下：

DROP PROCEDURE < 过程名 >

【例 4 -79】删除已定义的存储过程 Delete_User。
1. DROP PROCEDURE Delete_User；

4.7 触发器

4.7.1 触发器的概念与作用

1. 触发器的概念

触发器是用户定义在关系表上的一类由事件驱动的特殊过程，其也称为 ECA 规则（Event-Condition-Action），即事件—条件—行为。触发器一旦被定义，任何用户对表的增加、删除、修改等操作均由服务器自动激活相应的激活器，在 DBMS 核心层进行集中的完整性控制。

触发器的结构一般是：ON 事件，IF 前提条件，THEN 行为。其中：

（1）事件是指对某个数据库操作的请求，例如对数据库中的关系表进行添加、修改、删除操作。触发器在这些操作发生时开始工作。

（2）前提条件是一个条件表达式，它的值是 TRUE 或 FALSE。触发器开始工作时首先检查这个条件表达式的值，如果值为真就执行 THEN 后面的行为。

（3）行为是一个或一些语句，它指出了触发器被触发后（当事件发生且前提条件为真）系统应该自动完成的功能。例如从数据库中删除某些数据或修改某些数据。

2. 触发器的作用

（1）维护数据库中数据的参照完整性。利用触发器还可以检查对数据表的操作是否违反了引用完整性，并可以选择拒绝或回滚操作。

（2）执行更复杂的约束。例如可以设定一个触发器，防止在下了订单后对所购买的书进行删除操作。

（3）用于业务规则的设定。可以利用触发器对表修改前后的数据差别进行比较，并根据差别采取相应的操作。

（4）在主动数据库中可以用触发器监控物理对象的状态信息，提高系统的反应能力。触发器要求数据库不仅存储数据，还要存储控制知识或者规则以及过程。系统要能自动地监视数据库的状态及其变迁，当相关事件发生且条件满足时自动而实时地执行相应的动作，而这些都无须用户或应用程序干预。例如，在煤矿安全监控系统中，系统触发器可以设置为当传感器监控的瓦斯浓度超过一定的范围，系统自动提出警告并在日志中插入相关记录，同时开启通风系统。

（5）对异常处理的模块化。利用触发器可以将异常处理转化为对数据库更新操作的模块化，使核心编程逻辑中不包含异常处理，简化了应用系统的开发。

4.7.2 触发器的编写

1. 定义触发器

MySQL 中创建触发器主要语法格式如下：

CREATE TRIGGER trigger_name

trigger_time

trigger_event ON tbl_name

FOR EACH ROW

trigger_stmt

其中：

（1）trigger_name：标识触发器名称，用户自行指定；

（2）trigger_time：标识触发时机，取值为 BEFORE 或 AFTER；

（3）trigger_event：标识触发事件，取值为 INSERT、UPDATE 或 DELETE；

（4）tbl_name：标识建立触发器的表名，即在哪张表上建立触发器；

（5）trigger_stmt：触发器程序体，可以是一句 SQL 语句，或者是用 BEGIN 和 END 包含的多条语句。

由此可见，可以建立 6 种触发器，即：BEFORE INSERT、BEFORE UPDATE、BE-FORE DELETE、AFTER INSERT、AFTER UPDATE、AFTER DELETE。

触发器的限制：不能同时在一个表上建立 2 个相同类型的触发器，因此在一个表上最多可建立 6 个触发器。

【例 4-80】下面的例子说明如何用 BEFORE 触发器完成一个系统业务的自动执行。监控书籍信息表的价格不能超过取值范围，如果提交的书籍价格不合法，则执行报警。

```
1.   DELIMITER $$
2.   CREATE TRIGGER trigger_Book_Price_check
3.   BEFORE INSERT ON Book_Information
4.   FOR EACH ROW
5.   BEGIN
6.   if (new.Price>9999 or new.Price<0)
7.     then
8.       SIGNAL SQLSTATE '02000' SET MESSAGE_TEXT='书籍价格输入不合法!';
9.   END IF;
10.  END
11.  $$
12.  DELIMITER;
```

MySQL 中定义了 NEW 和 OLD，用其表示在触发器所在的表中触发了触发器的那一行数据。具体为：

（1）在 INSERT 型触发器中，NEW 表示将要（BEFORE）或已经（AFTER）插入的新数据；

（2）在 UPDATE 型触发器中，OLD 表示将要或已经被修改的原数据，NEW 表示将要或已经修改成的新数据；

（3）在 DELETE 型触发器中，OLD 表示将要或已经被删除的原数据。

另外，OLD 是只读的，而 NEW 则可以在触发器中使用 SET 赋值，这样不会再次触发触发器，继而导致循环调用。

2. 修改触发器

修改触发器可以通过删除原触发器来实现，再以相同的名称创建新的触发器。

3. 删除触发器

删除触发器主要语法格式如下：

DROP TRIGGER   trigger_name

【例 4 - 81】 删除触发器 tri_Discount。

```
1.   DROP TRIGGER tri_Discount
```

第5章 数据库管理系统与应用

在第一章我们知道了数据库及数据库管理系统的基本概念和相关基础知识，如三层模式结构、DBMS 的构成和功能等理论，本章将从目前市面上主流的数据库和数据库管理系统产品入手进行详细介绍，为后续章节的深入学习及上机操作奠定基础。

5.1 主流数据库管理系统介绍

5.1.1 关系型数据库管理系统

1. 关系型数据库的特点

关系型数据库是数据项之间具有预定义关系的数据项的集合。其以行和列的形式存储数据，以便用户理解。一系列的行和列被称为表，一组表组成了数据库。表中的每列都保存着特定类型的数据，字段存储着属性的实际值。表中的行表示一个对象或实体的相关值的集合。表中的每一行可标有一个称为主键的唯一标识符，并且可使用外键在多个表中的行之间建立关联。可以通过许多不同的方式访问此数据，而无须重新组织数据库表本身。

关系型数据库的优缺点如表 5 - 1 所示。

表 5 - 1　关系型数据库的优缺点

优点	缺点
易于维护、统一使用表结构，一致的格式大大减少了数据冗余和数据不一致的问题。关系型数据库提供对事务的支持，能保证系统中事务的正确执行，同时能解决事务的恢复、回滚、并发控制和死锁等问题	高并发读写能力差，网站类用户的并发性访问非常高，而一台数据库的最大连接数有限，且硬盘 I/O 也有限，不能满足很多人同时连接的需求
技术成熟，存在很多实际成果和专业技术信息	对海量数据的读写效率低，若表中数据量太大，每次的读写速率都将非常缓慢
容易理解，二维表结构是非常贴近逻辑世界的一个概念，关系模型相对网状、层次等其他模型来说更容易理解	扩展性差，由于数据库存储的是结构化数据，因此表结构 schema 是固定的，扩展不方便，如果需要修改表结构，需执行 DDL（Data Definition Language）语句修改，修改期间会导致锁表，部分服务不可用
通用的 SQL 语言使得操作关系型数据库非常方便，可以进行 join 等复杂查询	价格昂贵，非关系型数据库基本全部免费，关系型数据库价格昂贵，但关系型数据库中 MySQL 是免费的

2. 主流关系型数据库管理系统

（1）SQL Server。SQL Server 是一个关系型数据库管理系统，它最初是由 Microsoft、Sybase 和 Ashton-Tate 三家公司共同开发的。其于 1988 年推出了第一个 OS/2 版本，在 Windows NT 推出后，Microsoft 将 SQL Server 移植到 Windows 系统上，专注于开发、推广 SQL Server 的 Windows NT 版本；Sybase 则专注于 SQL Server 在 Unix 系统上的应用。Microsoft SQL Server 目前的版本为 SQL Server 2012。

SQL Server 能够提供满足今天电子商务商业环境要求的不同类型的数据库解决方案。它是一种应用广泛的数据库管理系统，具有许多显著的优点，如易用性、适合分布式组织的可伸缩性、带有用于决策支持的数据仓库功能、能与许多其他服务器软件紧密关联的集成性、良好的性价比等。

SQL Server 的特点：

①图形化的用户界面使系统管理和数据库管理更加直观、简单。

②丰富的编程接口工具为用户进行程序设计提供了更大的选择余地。

③SQL Server 与 Windows 完全集成；SQL Server 也可以很好地与 Microsoft Back Office 产品集成。

④具有很好的伸缩性，可从运行 Windows 的笔记本电脑跨越到运行 Windows Server 的大型多处理器等多种平台。

⑤对 Web 技术的支持，使用户能够很容易地将数据库中的数据发布到 Web 页面上。

⑥SQL Server 提供数据仓库功能，这个功能只在 Oracle 和其他更昂贵的 DBMS 中才有。

（2）MySQL。MySQL 是由瑞典 MySQL AB 公司开发的，目前属于 Oracle 公司。MySQL 是一种关联数据库管理系统。关联数据库将数据保存在不同的表中，而不是将所有数据放在一个大仓库内，以此提高系统运行的速度和灵活性。MySQL 的 SQL 语言是访问数据库最常用的标准化语言。MySQL 软件采用了双授权政策，它分为社区版（免费且开源）和商业版，由于其体积小、速度快、总体拥有成本低，尤其是开放源码这一特点，使一般中小型网站的开发人员都选择它作为网站数据库。由于其社区版性能卓越，搭配 PHP 和 Apache 可组成良好的开发环境。

MySQL 在 Windows 系统中以系统服务的方式运行，而在 Unix/Linux 系统上，MySQL 支持多线程运行方式，从而获得了相当好的性能。由于它灵活、功能强大，拥有丰富的应用编程接口（API）和精巧的系统结构，受到了广大自由软件爱好者甚至是商业软件用户的青睐。

与其他的大型数据库例如 Oracle、DB2、SQL Server 等相比，MySQL 自有它的不足之处，但是这丝毫没有降低它受欢迎的程度。对于一般的个人使用者和中小型企业来说，MySQL 提供的功能已经绰绰有余，而且由于 MySQL 是开放源码软件，因此可以大大降低总体拥有成本。

MySQL 的特点：

①使用编程语言 C 和 C ++ 编写，并使用了多种编译器进行测试，保证了源代码的可移植性。

②支持 AIX、FreeBSD、HP-UX、Linux、MacOS、Novell NetWare、OpenBSD、OS/2Wrap、Solaris、Windows 等多种操作系统。

③为多种编程语言提供了 API。这些编程语言包括 C、C ++、Python、Java、Perl、PHP、Eiffel、Ruby 和 Tcl 等。

④支持多线程运行方式，充分利用 CPU 资源。

⑤优化的 SQL 查询算法能有效提高查询速度。

⑥既能够作为一个单独的应用程序应用在客户端服务器网络环境中，也能够作为一个库嵌入其他的软件中。

⑦提供多语言支持，常见的编码如中文的 GB2312、BIG5，日文的 Shift_JIS 等都可以用作数据表名和数据列名。

⑧提供 TCP/IP、ODBC 和 JDBC 等多种数据库连接途径。

⑨提供用于管理、检查、优化数据库操作的管理工具。

⑩支持大型的数据库，可以处理有上千万条记录的大型数据库。

⑪支持多种存储引擎。

（3）DB2。DB2 是 IBM 公司研制的一种关系型数据库管理系统。DB2 主要用于大型应用系统，具有较好的可伸缩性，可支持从大型机到单用户等不同的应用环境，并能应用于 OS/2、Windows 等平台。DB2 提供了高层次的数据利用性、完整性、安全性、可恢复性，以及小规模到大规模应用程序的执行能力，具有与平台无关的基本功能和 SQL 命令。DB2 采用了数据分级技术，能够使大型机数据很方便地下载到 LAN 数据库服务器，使得客户机/服务器用户和基于 LAN 的应用程序可以访问大型机数据，并使数据库本地化及远程连接透明化。它以拥有一个非常完备的查询优化器而著称，其外部连接改善了查询性能，并支持多任务并行查询。DB2 具有很好的网络支持能力，每个子系统可以连接十几万个分布式用户，可同时激活上千个活动线程，特别适用于大型分布式应用系统。

IBM 除了提供主流的 OS/390 和 VM 以及中等规模的 AS/400 等操作系统之外，还提供了跨平台（包括基于 Unix 的 Linux，HP-UX，Solaris，以及 SCO UnixWare；还有用于个人电脑的 OS/2 操作系统以及微软的 Windows 系统）的 DB2 产品。DB2 数据库可以通过使用微软的开放数据库连接（ODBC）接口，Java 数据库连接（JDBC）接口，或者 CORBA 接口代理，接受应用程序的访问。

DB2 的特点：

①开放性：能在所有主流平台上运行（包括 Windows），适用于处理海量数据。DB2 在企业级的应用最为广泛，在全球 500 家最大的企业中，有 85% 以上的企业使用 DB2 数据库服务器。

②可伸缩性、并行性：DB2 把数据库管理扩充到了并行的、多节点的环境。数据库分区是数据库的一部分，包含自己的数据、索引、配置文件和事务日志。

③安全性：获得最高认证级别的 ISO 标准认证。

④性能：性能较高，适用于数据仓库和在线事物处理。

⑤客户端支持及应用模式：可跨平台，有多层结构，支持 ODBC、JDBC 等数据库连接。

⑥操作简便：操作简单，同时提供 GUI 和命令行，在 Windows 和 Unix 中操作相同。

⑦使用风险：在巨型企业得到广泛的应用，向下兼容性好，风险小。

（4）Oracle 数据库。Oracle 数据库是 Oracle 公司于 1979 年首先推出的基于 SQL 标准的关系数据库产品，可在 100 多种硬件平台上运行，包括个人电脑、工作站、小型机、中型机和大型机，并支持多种操作系统。它是以分布式数据库为核心的一组软件产品，是目前最流行的客户/服务器（Client/Server）或 B/S 体系结构的数据库之一。用户的 Oracle 应用可以便利地从一种计算机配置移植到另一种计算机配置上。Oracle 的分布式结构可将数据和应用驻留在多部电脑中，且相互之间的通信是透明的。其最新版本是 OracleDatabase 11g。

Oracle 的特点：

①支持大数据库、多用户的高性能事务处理。Oracle 支持的最大数据库可以达到几十 TB，可充分利用硬件设备，支持大量用户同时在同一数据上执行各种数据操作，并使数据使用冲突最小化，保证数据一致性。数据维护具有高性能，Oracle 数据库每天可连续使用 24 小时，正常的系统操作不会中断数据库的使用。

②提供安全性控制和完整性控制。Oracle 为可接受的数据指定标准，监视各种数据的存取以提供系统安全性。

③支持分布式数据库和分布处理。Oracle 数据库为了充分利用计算机系统和网络，允许将处理分为数据库服务器和客户应用程序，所有共享的数据由数据库管理系统的计算机处理，而运行数据库应用的工作站集中于解释和显示数据。通过网络连接的计算机环境，Oracle 将存放在多台计算机上的数据组合成一个逻辑数据库，供全部网络用户使用。

④具有可移植性、可兼容性和可连接性。Oracle 软件可以在许多不同的操作系统上运行，因此在 Oracle 上开发的应用仅需少量修改就可以移植到任何操作系统。Oracle 软件同工业标准兼容，包括许多工业标准的操作系统，其所开发应用系统可在任何操作系统上运行。

5.1.2 非关系型数据库管理系统

1. 非关系型数据库的特点

非关系型数据库也叫 NoSQL（Not Only SQL）数据库。非关系型数据库提出另一种理念，例如，以键值对（Key-Value）存储，且结构不固定，每一个元组可以有不一样的字段，每个元组可以根据需要增加一些自己的键值对，这样就不会局限于固定的结构，可以减少一些时间和空间的开销。使用这种方式，用户可以根据需要添加自己想要的字段。

在获取用户的不同信息时，不需要像关系型数据库对多表进行关联查询，仅需根据 ID 取出相应的 VALUE 就可以完成查询，避免进行复杂的 SQL 操作。目前主流的非关系型数据库有 MongoDB、Amazon Dynamo DB 等。

非关系型数据库的优缺点如表 5 - 2 所示。

表 5 - 2　非关系型数据库的优缺点

优点	缺点
无须经过 SQL 层的解析，读写性能很高	学习和使用成本高，非关系型数据库大部分不提供 SQL 支持，导致学习和使用成本较高
读写速度快，非关系型数据库可以使用硬盘或者随机存储器作为载体，而关系型数据库只能使用硬盘	事务处理能力弱，非关系型数据库不能保证数据的完整性和安全性，适合处理海量数据
容易扩展，非关系型数据库基于键值对等存储格式，数据没有耦合性，容易扩展	不擅长对大量数据进行写入处理
存储数据的格式，非关系型数据库的存储格式是 Key-Value 形式、文档形式、图片形式等，而关系型数据库则只支持基础类型	没有完整性约束，非关系型数据库对于复杂业务场景的支持较差，而且技术起步晚，维护工具以及技术资料也有限
成本低，非关系型数据库部署简单，基本都是开源软件	数据结构复杂，复杂查询方面有时难以满足业务需要

2. 主流非关系型数据库管理系统

（1）MongoDB。MongoDB 是一个基于分布式文件存储的非关系型数据库，旨在为 Web 应用提供可扩展的高性能数据存储解决方案。MongoDB 是一个特殊的非关系型数据库，它介于关系数据库和非关系数据库之间，是非关系数据库当中功能最丰富、最像关系数据库的。它支持的数据结构非常松散，是类似 json 的 bson 格式（一种 json 的扩展），因此可以存储比较复杂的数据类型。MongoDB 最大的特点是它支持的查询语言非常强大，其语法有点类似于面向对象的查询语言，几乎可以实现类似关系数据库单表查询的绝大部分功能，而且还支持对数据建立索引。它具有高性能、易部署、易使用等优点，存储数据也非常方便。

MongoDB 的主要特点：

①模式自由。

②支持动态查询。

③可通过网络访问。

④支持完全索引，包含内部对象。

⑤支持复制和故障恢复。

⑥面向集合存储，易存储对象类型的数据。

⑦使用高效的二进制数据存储，包括大型对象（如视频等）。

⑧自动处理碎片，以支持云计算层次的扩展性。

⑨支持 Golang、Ruby、Python、Java、C ++ 、PHP、C#等多种语言。

⑩文件存储格式为 bson。

（2）Amazon Dynamo DB。Dynamo DB 是亚马逊的 Key-Value 模式的存储平台，提供完全托管的 NoSQL 数据库服务，拥有快速的、可预期的性能，并且可以实现无缝扩展。只需要在 AWS（Amazon Web Service）管理控制台上面用鼠标轻松点击几下，用户就可以自己创建一个新的 Amazon Dynamo DB 数据库表，并可以根据实际需求对表进行扩展和收缩，这个过程既不需要停止对外服务，也不会降低服务性能。通过 AWS 管理控制台，用户还可以看见资源的利用情况和各种性能指标。

Dynamo DB 的 NoSQL 解决方案，也使用键/值对存储的模式，它通过服务器把所有的数据存储在 SSD 的三个不同的区域内。如果有更大的传输需求，Dynamo DB 也可以在后台添加更多的服务器。

Dynamo DB 系统特性：

①可以支持在吞吐量和存储能力上的无缝扩展。

②具有内在的容错能力，可以自动、同步地把数据复制到一个 Region 当中多个可用的 Zone 中，即使遇到单个机器或设施的失效，数据也可以得到很好的保护。

③和许多非关系型数据库管理系统不同，Dynamo DB 支持读操作的强一致性，其读操作支持多个本地数据类型，比如 number、string 和 multi-value attribute。这种服务也支持原子计数器（Atomic Counter），允许通过一个简单的 API 调用自动增加和减少数值属性。

④没有固定的模式（Schema）。相反，每个项目（Item）都具有不同数量的属性，支持多种数据类型，比如 string、number 和 set。

⑤服务端的平均延迟通常是几毫秒（Millisecond）。运行在固态盘上面的服务，可以在任何扩展级别下保持一致性和低延迟。

5.2 分布式数据库管理系统介绍

5.2.1 分布式数据库系统简介

1. 分布式数据库

分布式数据库系统（DDBS）主要由分布式数据库管理系统（DDBMS）与分布式数据库（DDB）两大部分组成。一个应用程序可以通过网络连接访问分布在不同地理位置的数据库，每个被连接起来的数据库单元称为节点，多个节点由一个统一的数据库管理系统进行管理，即分布式数据库在物理状态中被分别存储在不同的节点上，但在逻辑上可视为一个统一的整体。

2. 分布式数据库的特点

①分布透明性：指用户无须关心数据在数据库中的逻辑分区和物理位置，也不必关心冗余数据（副本）的一致性问题。在此基础上建立的应用程序不必担心数据分布和迁移场景，可专注于程序的编写和优化，即使增加某些数据的重复副本也不必专门改写应用程序。

②复制透明性：指用户无须关心数据库在网络各个节点中的复制情况，被复制的数据的更新都由系统自动完成。在分布式数据库系统中，可以把一个场地的数据复制到其他场地存放，应用程序可以使用复制到本地的数据在本地完成分布式操作，避免通过网络传输数据，提高了系统的运行和查询效率。

③可扩展性：当一个应用程序随着用户规模高速增长或产品功能升级需要扩展系统的处理能力时，分布式数据库系统的结构为此提供了较好的途径。在分布式数据库系统中增加一个新的节点，不影响现有系统的结构和正常运行，这使得系统能力得以匹配应用程序的升级与扩展，灵活且经济。

3. 分布式数据库的事务性质

基于分布式数据库的结构特性和分布式系统的 CAP 定理，实现 ACID 事务的维护成本很高，因此为保障其可用性而总结出一套弱化的事务特性：

（1）基本可用（Basically Available）：系统能够基本运行并一直提供服务。

（2）软状态（Soft-State）：系统不要求一直保持强一致状态。

（3）最终一致性（Eventual Consistency）：系统需要在某一时刻后达到一致性要求。

5.2.2　分布式数据库系统体系结构

1. 数据分片

分布式数据库为了支撑应用程序巨量的交易数据，避免出现如单体数据库在高压下迅速过载等现象，常见扩展技术手段为数据分片。分片是将大数据表分解为较小的表（称为分片）的过程，这些分片分布在多个数据库集群节点上。

分片本质上可看作传统数据库中的分区表，是一种水平扩展手段。每个分片上包含原有总数据集的一个子集，从而可以将总负载分散在各个分区之上。主要分为水平分片、垂直分片、混合分片，如图 5 - 1 所示。

水平分片　　　　垂直分片　　　　混合分片

图 5 - 1　数据存储类型

2. 数据复制

分布式数据库复制的主要目的是在多个不同的数据库节点上保留相同数据的副本，从而提供一种数据冗余。这种冗余的数据可以提高数据查询的性能，而更重要的是保证数据库的可用性，主要分为单主复制、多主复制。

（1）单主复制（主从复制）：写入主节点的数据都需要复制到从节点，即存储数据库副本的节点。当用户需要将数据写入数据库时，他们必须将请求发送给主节点，而后主节点将这些数据转换为复制日志或修改数据流发送给其从节点。从使用者的角度来看，从节点都是只读的。

（2）多主复制（主主复制）：数据库集群内存在多个对等的主节点，它们可以同时接受写入，每个主节点同时充当主节点的从节点。多主节点的架构模式最早来源于 Distributed SQL 这一类多数据中心、跨地域的分布式数据库。这种架构可以使数据就近写入，每个数据中心可以与其他数据中心同时独立地、持续地提供服务，用户访问数据可以由就近数据中心提供。但此架构无法保障两个不同的主节点同时修改相同数据所造成的数据冲突，易引发数据一致性的问题。

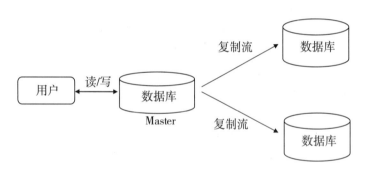

图 5-2　经典单主复制架构图

3. 模式结构

分布式数据库系统模式结构如图 5-3 所示。分布式数据库系统从整体上可以分为两大部分：上部是分布式数据库系统增加的模式级别；下部是集中式数据库系统的模式结构，代表了各局部场地上局部数据库系统的基本结构。

分布式数据库系统模式结构包括：

（1）全局外模式：全局应用的用户视图是全局概念模式的子集。

（2）全局概念模式：定义了分布式数据库系统的整体逻辑结构。

（3）分片模式：定义片段及全局关系与片段之间的映像。

（4）分布模式：定义了片段的存放节点。

（5）局部概念模式：定义了分布式数据库中局部数据的逻辑结构。

（6）局部内模式：定义了分布式数据库中局部数据的物理结构。

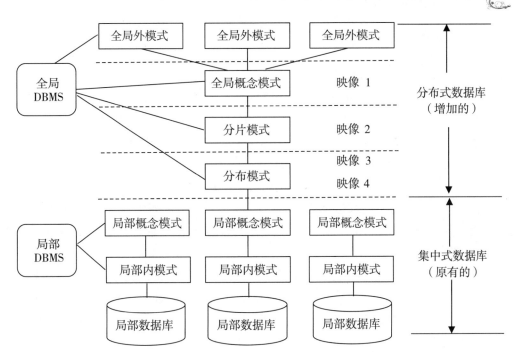

图 5 - 3 分布式数据库系统模式结构图

4. 分布式数据库管理系统

分布式数据库管理系统的主要功能是将用户与分布式数据库隔离，整个分布式数据库在逻辑上等同于一个传统的集中式数据库，即一个分布式数据库管理系统与用户之间的接口，尽管在物理实现上与集中式数据库存在不同，但在逻辑上与集中式数据库管理系统是一致的。

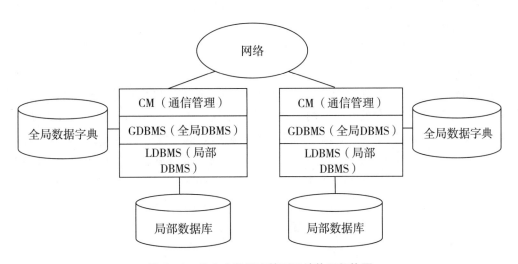

图 5 - 4 分布式数据库管理系统体系架构图

5.2.3 流行分布式数据库管理系统

1. 分布式数据库管理系统的主要类别

随着 5G 时代的来临，互联网技术迅猛发展，数据库作为未来数字时代的基石也迎来了新的挑战和机遇。在现如今的大数据时代，各行各业在信息化应用的数据库选型上将会越来越倾向于分布式数据库。目前业界最流行的分布式数据库有两类，一类以 Google Spanner 为代表，另一类以 AWS Auraro 为代表。

（1）Google Spanner。Spanner 是 shared nothing 的架构，内部维护了自动分片、分布式事务、弹性扩展能力，但数据存储还是需要 sharding，plan 计算也需要涉及多台机器，这也就涉及了分布式计算和分布式事务。这一类的代表产品为 TiDB、Cockroach DB、OceanBase 等。

（2）AWS Auraro。Auraro 主要是计算和存储分离架构，使用共享存储技术，提高了容灾和总容量的扩展。但是在协议层，只要是不涉及存储的部分，其本质还是单机实例的 MySQL，不涉及分布式存储和分布式计算，这样一来，就能与 MySQL 非常好地兼容。这一类的代表产品为 Polar DB。

以下主要对 Google Spanner 的 TiDB 和 OceanBase 两种产品进行介绍。

2. TiDB

TiDB 是 PingCAP 公司自主设计、研发的开源分布式关系型数据库，是一款同时支持在线事务处理与在线分析处理（Hybrid Transactional and Analytical Processing，HTAP）的融合型分布式数据库产品，具备水平扩容或者缩容、金融级高可用、实时 HTAP、云原生的分布式数据库，兼容 MySQL 5.7 协议和 MySQL 生态等重要特性。目标是为用户提供一站式 OLTP（Online Transactional Processing）、OLAP（Online Analytical Processing）、HTAP 解决方案。TiDB 适合高可用、强一致、要求较高、数据规模较大的应用场景，其四大核心应用场景如下。

（1）对数据一致性、高可靠性、系统高可用性、可扩展性、容灾性要求较高的金融行业的场景。

众所周知，金融行业对数据一致性、高可靠性、系统高可用性、可扩展性、容灾性要求较高。传统的解决方案是同城两个机房提供服务、异地一个机房提供数据容灾能力但不提供服务，此解决方案存在以下缺点：资源利用率低、维护成本高、RTO（Recovery Time Objective）及 RPO（Recovery Point Objective）无法真实达到企业期望的值。TiDB 采用多副本 + Multi-Raft 协议的方式将数据调度到不同的机房、机架、机器，当部分机器出现故障时系统可自动进行切换，确保系统的 RTO≤30s 及 RPO＝0。

（2）对存储容量、可扩展性、并发要求较高的、拥有海量数据的线上交易（Online Transaction Processing，OLTP）场景。

随着线上交易业务的高速发展，其数据呈现爆炸性增长，传统的单机数据库的容量无法满足爆炸性增长的数据，可行方案是采用分库分表的中间件产品、NewSQL 数据库替代或者采用高端的存储设备等。其中性价比最高的是 NewSQL 数据库，例如 TiDB 采用计算、存储分离的架构，可分别对计算、存储进行扩容和缩容，计算最大支持 512 节点，每个节点最大支持 1 000 并发，集群容量最大支持 PB 级别。

（3）Real-time HTAP（Hybrid Transaction / Analytical Processing，混合事物/分析处理）场景。

随着 5G、物联网、人工智能的高速发展，企业所生产的数据会越来越多，其规模可能达到数百 TB 甚至 PB 级别，传统的解决方案是通过 OLTP 型数据库处理在线联机交易业务，通过 ETL 工具将数据同步到 OLAP 型数据库进行数据分析，这种处理方案存在存储成本高、实时性差等多方面的问题。TiDB 在 4.0 版本中，利用列存储引擎 TiFlash 结合行存储引擎 TiKV 构建真正的 HTAP 数据库，在增加少量存储成本的情况下，可以在同一个系统中做联机交易处理、实时数据分析，极大地节省企业的成本。

（4）数据汇聚、二次加工处理的场景。

当前绝大部分企业的业务数据都分散在不同的系统中，没有一个统一的汇总，随着业务的发展，企业的决策层需要了解整个公司的业务状况以便及时做出决策，故需要将分散在各个系统的数据汇聚在同一个系统并进行二次加工处理生成 T + 0 或 T + 1 的报表。传统常见的解决方案是采用 ETL + Hadoop 来完成，但 Hadoop 体系太复杂，运维、存储成本太高，无法满足用户的需求。与 Hadoop 相比，TiDB 就简单得多，通过 ETL 工具或者 TiDB 的同步工具将业务数据同步到 TiDB，在 TiDB 中可通过 SQL 直接生成报表。

3. OceanBase

OceanBase 数据库是阿里巴巴和蚂蚁集团不基于任何开源产品，完全自主研发的原生分布式关系数据库软件，在普通硬件上可实现金融级高可用，首创"三地五中心"城市级故障自动无损容灾新标准，具备卓越的水平扩展能力，全球首家通过 TPC-C 标准测试的分布式数据库，单集群规模超过 1 500 节点。产品具有云原生、强一致性、高度兼容 Oracle/MySQL 等特性，承担支付宝 100% 核心链路，在国内几十家银行、保险公司等金融客户的核心系统中稳定运行。

OceanBase 数据库具有业务连续性、应用易用性高，成本、风险低的产品优势。

（1）每个节点都可以作为全功能节点，将数据以多副本的方式分布存储在集群的各个节点，就可以轻松实现"多库多活"，少数派节点出现故障对业务无影响。OceanBase 数据库的多副本技术能够满足从节点、机架、机房到城市级别的高可用、容灾要求，克服传统数据库的主备模式在主节点出现异常时 RPO > 0 的问题。确保客户的业务系统能够稳定、安全运行。其支撑了支付宝 100% 的核心链路，并且在多家商业银行的核心业务中稳定运行。

（2）独创的总控服务和分区级负载均衡能力使系统具有极强的可扩展性，可以在线进行平滑扩容或缩容，并且在扩容后自动实现系统负载均衡，应用的透明性高，能对海量数据进行处理。对于银行、保险、运营商等行业的高并发场景，OceanBase 数据库能够提供高性能、低成本、高弹性的数据库服务，并且能够充分利用客户的 IT 资源。此外，OceanBase 数据库还经历过多次"双十一"流量洪峰的考验。

（3）OceanBase 数据库针对 MySQL 和 Oracle 数据库生态都给予了很好的支持。对于 MySQL，OceanBase 数据库支持 MySQL 5.6 版本的全部语法，可以做到与 MySQL 业务无缝切换。对于 Oracle，OceanBase 数据库能够支持绝大多数的 Oracle 语法和几乎全量的过程性语言功能，大部分的 Oracle 业务在进行少量修改后可以自动迁移，帮助客户降低系统的开发、迁移成本。

（4）OceanBase 数据库最大的优势是其不基于任何开源数据库技术，完全自主研发，对产品有完全的掌控力，能够避免客户使用开源技术带来的潜在的合规、知识产权、SLA 等风险。

（5）OceanBase 数据库目前完成了与国产硬件平台、操作系统的适配，降低客户对国外硬件、操作系统的依赖程度。

5.3　MySQL 的安装使用

5.3.1　MySQL 8 的安装使用

在 Windows 操作系统中安装 MySQL，可以使用图形化的安装包。

1. MySQL 8 的安装

在浏览器中打开"https：//dev. mysql. com/downloads/installer/"，如图 5 - 5 所示。注意界面上 32 位的图形化安装器有两个版本，其中"mysql-installer-web-community"为在线安装版本，"mysql-installer-community"为离线安装版本。在此我们选择离线安装版本，点击"Download"，跳转到图 5 - 6 所示的下载界面。

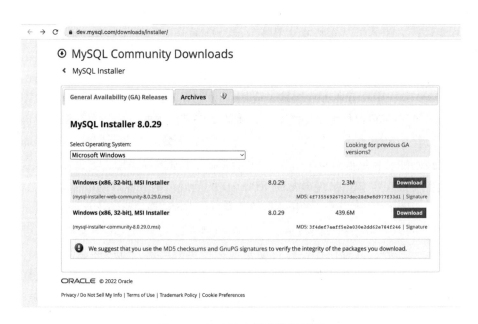

图 5 - 5　MySQL 8 版本选择界面

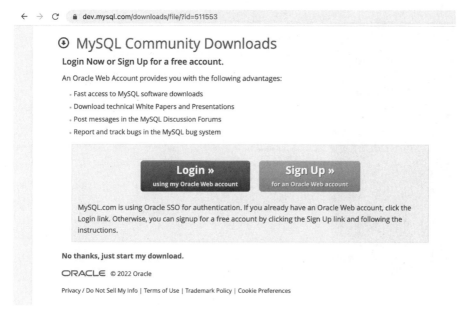

图 5 - 6　MySQL 8 下载界面

点击"No thanks, just start my download"开始下载。下载完成后找到下载的文件，双击进行安装，出现如图 5 - 7 所示的安装类型选择界面。

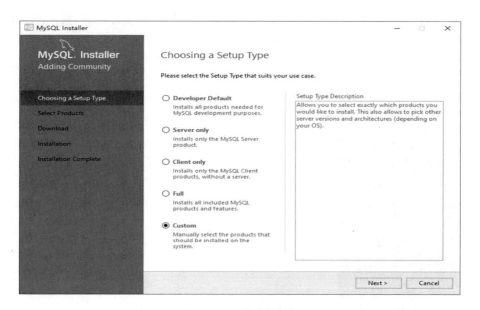

图 5 - 7　安装类型选择

点击"Choosing a Setup Type"，选择"Custom"（自定义安装类型），然后点击"Next"进入下一步，出现如图 5 - 8 所示的产品选择界面。

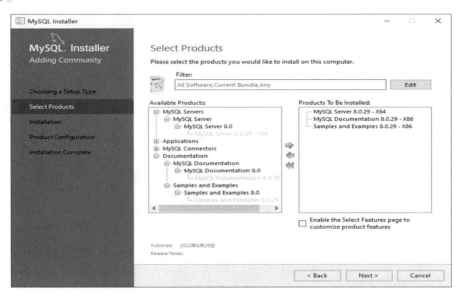

图 5-8　产品选择界面

依次点击图中"Available Products"方框中的"MySQL Servers""MySQL Connectors"和"Documentation"，分别选择"MySQL Server 8.0.29-X64""MySQL Documentation 8.0.29-X86"和"Samples and Example 8.0.29-X86"，然后点击指向右的箭头将三者添加到"Products To Be Installed"方框中。

单击"Next"显示即将安装的产品列表及安装执行界面，点击"Execute"完成安装。出现如图5-9所示的界面即代表安装完成，即将进入 MySQL 的配置。

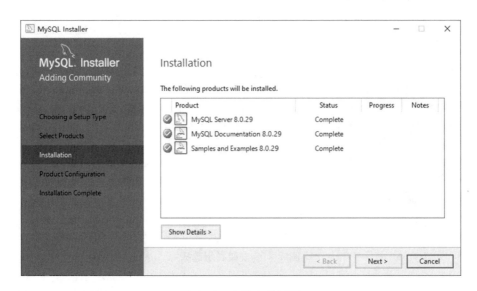

图 5-9　安装完成界面

2. MySQL 8 的配置

MySQL 安装完毕后，需要对其进行配置，接下来介绍如何配置。在如图 5－9 所示的
安装结束窗口中点击"Next"，进入产品信息对话框，如图 5－10 所示。

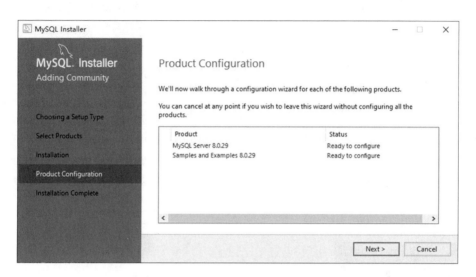

图 5－10 产品配置界面

点击"Next"，进入服务器类型配置对话框，如图 5－11 所示。其中，"Config Type"
选项用于设置服务器类型。点击该选项右侧的下三角按钮，即可查看到三个选项。

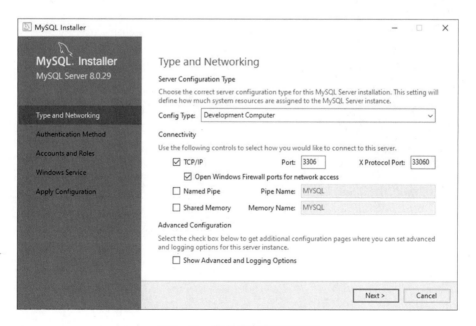

图 5－11 服务器类型配置界面

Development Computer（开发机器）：此选项代表典型个人用桌面工作站。假定机器上运行着多个桌面应用程序，它会将 MySQL 服务器配置成使用最少的系统资源。

Server Computer（服务器）：此选项代表服务器，MySQL 服务器可以同其他应用程序一起运行，如 FTP、Email 和 Web 服务器。此选项可将 MySQL 服务器配置成使用适当比例的系统资源。

Dedicated Computer（专用服务器）：此选项代表只运行 MySQL 服务的服务器。假定没有其他的运行服务程序，此选项可将 MySQL 服务器配置成使用所有可用的系统资源。作为初学者，建议选择"Development Computer"选项，这样占用的系统资源比较少。

其他选项保持默认，点击"Next"，打开设置授权方式对话框，如图 5 - 12 所示。其中，第一个单选项的含义是 MySQL 8 提供的新的授权方式，采用了 SHA256 基础的密码加密方法；第二个单选项的含义是传统授权方法（保留 5. x 版本的兼容性）。这里我们选择第二个单选项。

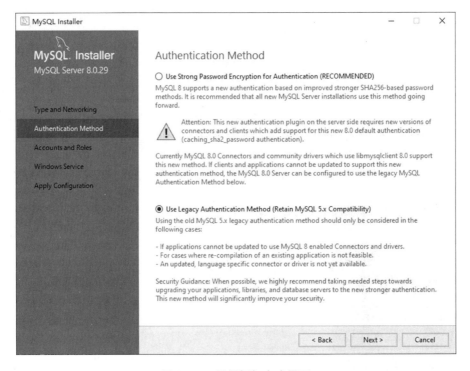

图 5 - 12　设置授权方式界面

点击"Next"，打开设置服务器密码的对话框设置密码，如图 5 – 13 所示。

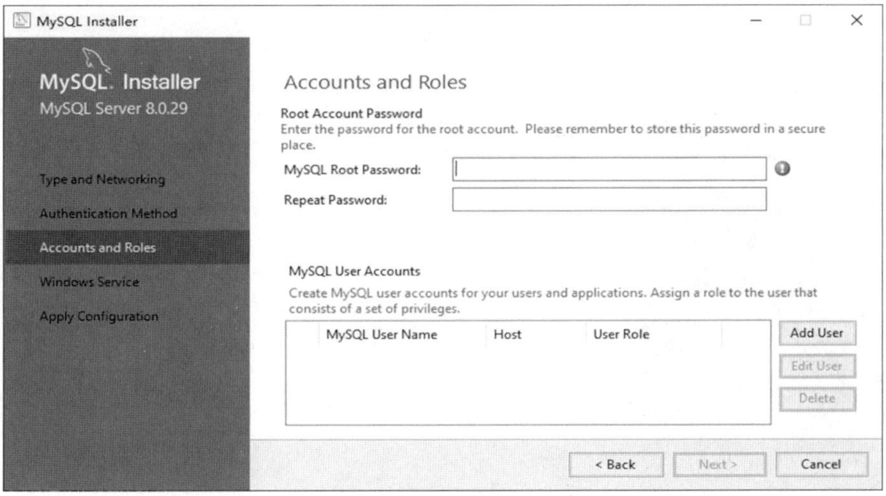

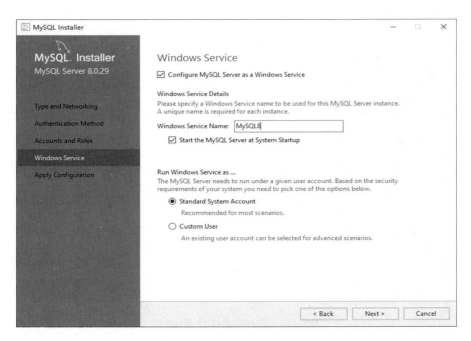

图 5 – 13　设置服务器密码界面

　系统默认的用户名为"root"，如果想添加新的用户可以单击"Add User"进行添加。点击"Next"，打开设置服务器名称的对话框。本书在此将其设置为"MySQL 8"，如图 5 – 14所示。

图 5 – 14　设置服务器名称界面

完成后点击"Next",打开确认设置服务器的对话框,点击"Execute"执行。执行完成后出现如图 5 – 15 所示的对话框,点击"Finish"进行确认。

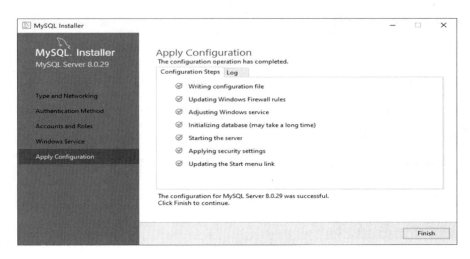

图 5 – 15   确认设置服务器界面

3. 连接到 MySQL 8

在图 5 – 15 中点击"Finish"会自动连接到服务对话框,如图 5 – 16 所示,之后输入先前设置的密码。

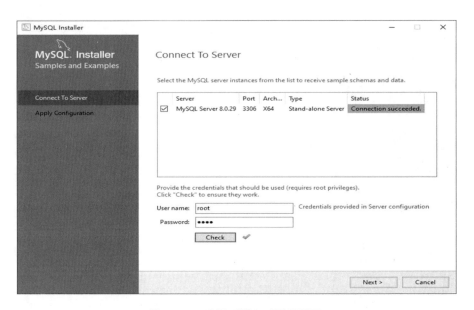

图 5 – 16   连接到服务对话框界面

点击"Next"进入下一步,然后点击"Execute"。点击"Finish"后在出现的窗口中点击"Next",再次点击"Finish"出现如图 5 – 17 所示界面,即可完成 MySQL 8 的安装。

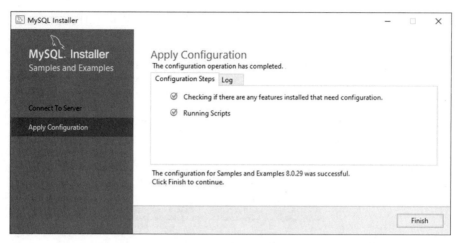

图 5 - 17　安装完成

5.3.2　MySQL Workbench 的安装与使用

MySQL Workbench 是 MySQL 官方提供的一款图形化管理工具。MySQL Workbench 完全支持 MySQL 5.0 以上版本，在 5.0 版本中有些功能不能使用，而在 5.0 以下的版本中，MySQL Workbench 分为社区版（免费）和商业版。

1. MySQL Workbench 的安装

在浏览器中打开"https://dev.mysql.com/downloads/workbench/"，如图 5 - 18 所示，此处只有一个版本供选择。

图 5 - 18　MySQL Workbench 版本选择界面

点击"Download"跳转到 MySQL Workbench，下载界面如图 5 – 19 所示。

图 5 – 19　MySQL Workbench **下载界面**

点击"No thanks，just start my download"开始下载。下载完成后找到下载文件，双击进入安装界面，如图 5 – 20 所示。

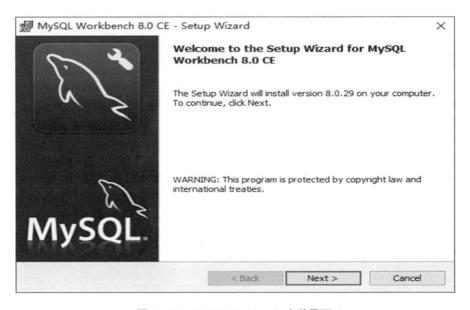

图 5 – 20　MySQL Workbench **安装界面**

点击"Next"选择安装路径，再次点击"Next"后进入安装类型选择界面，如图5 – 21所示。

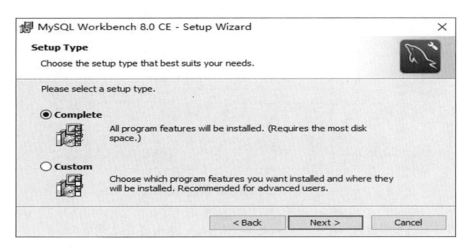

图 5 – 21　安装类型选择界面

在这里我们选择"Complete"（安装所有可用功能）。点击"Next"，然后点击"Finish"即可完成安装。

2. MySQL Workbench 的使用

在开始菜单中找到 MySQL Workbench 并打开启动界面（安装完成 MySQL Workbench 后，桌面一般不会出现其快捷方式），如图 5 – 22 所示。

图 5 – 22　MySQL Workbench 启动界面

由图 5 – 22 可见，MySQL Workbench 已经自动创建了一个连接的实例。下面介绍如何新建一个连接。首先点击"MySQL Connections"后面的加号，出现如图 5 – 23 所示的界面。

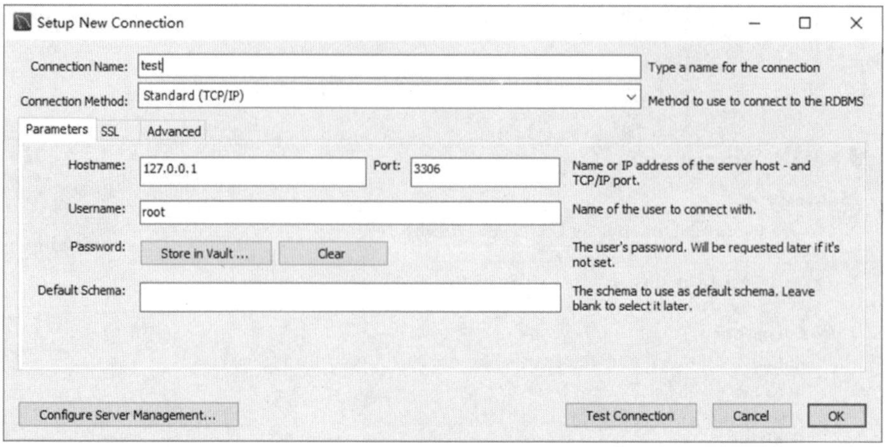

图 5 – 23 创建新连接界面

读者可自行设置此窗口中的"Connection Name",本书将其设置为"test"。然后点击"Password"后的"Store in Vault",输入密码(密码为在安装 MySQL 时所设置的密码,其用户名为 root)后点击"OK",新连接建立完成。

注意:Hostname 为主机名,由于我们把数据库和 MySQL 安装在同一台电脑上,所以直接使用默认 127. 0. 0. 1。

建立完成后,Connection 中多了一个连接 test,如图 5 – 24 所示。

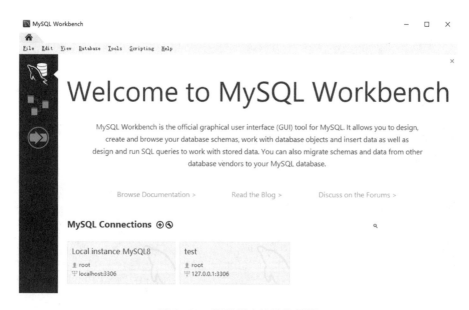

图 5 – 24 显示新建的连接界面

单击"test",出现 MySQL Workbench 操作界面,如图 5 – 25 所示。

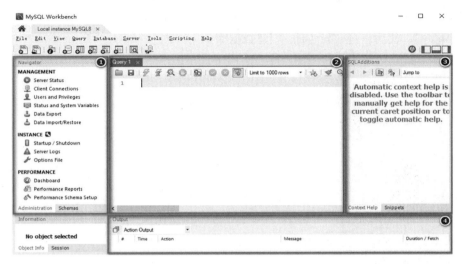

图 5 - 25　MySQL Workbench 操作界面

四个标记框分别为：①数据库监控和管理功能区；②SQL 工作区；③帮助信息区；④操作记录区。

下一节会详细介绍数据库的基本操作。

5.3.3　数据库对象的创建与管理

1. 创建与删除数据库

（1）用图形界面中的选项创建与删除数据库。在图 5 - 25 所示的 MySQL Workbench 图形化界面中，点选 "Schemas"（数据库监控和管理功能区）的选项，可查看默认的数据库和自己新建的数据库（在 MySQL 中，Schema 代表着数据库）。

点击工具栏上的第四个图标，进入新建数据库界面，如图 5 - 26 所示。输入名称，本书将其设置为 "demo"，然后点击 "Apply" 创建数据库。

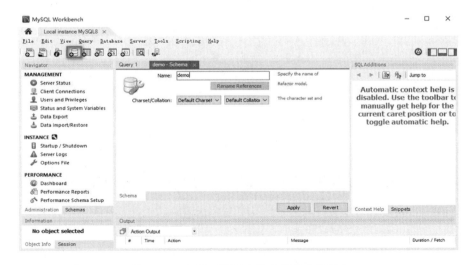

图 5 - 26　用图形界面中的选项创建数据库

创建数据库也可以使用 SQL 语句，如图 5－27 所示。输入创建数据库的 SQL 语句，点击"Apply"，然后点击"Finish"创建数据库。

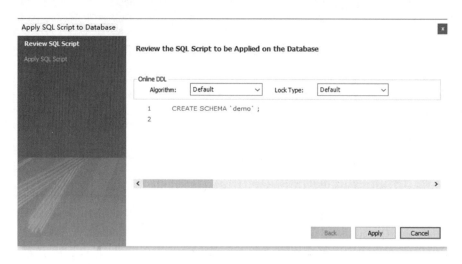

图 5－27　确认创建的数据库

完成数据库创建后，可以通过 SCHEMAS 查看其新增的数据库"demo"，如图 5－28 所示。

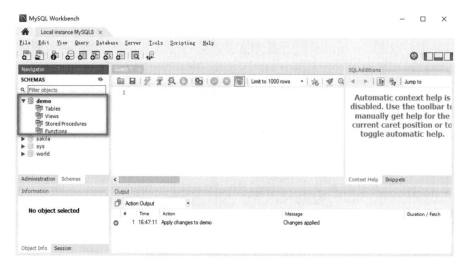

图 5－28　查看 demo 数据库

右键点击该数据库，在出现的选项中选择"Drop Schema"就可删除该数据库，如图 5－29 所示。

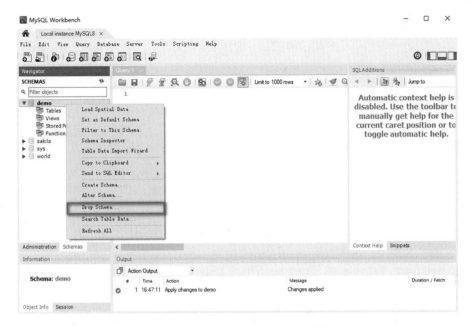

图 5 – 29　用图形界面中的选项删除数据库

（2）用 SQL 语言创建与删除数据库。在 MySQL Workbench 图形化界面中的 SQL 工作区写入创建数据库的语句：CREATE SCHEMA demo，如图 5 – 30 所示。

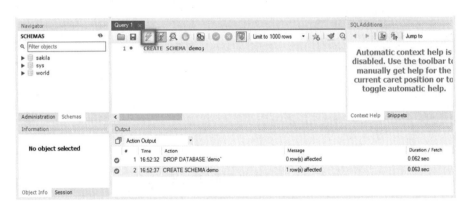

图 5 – 30　用 SQL 语言创建数据库

点击标记框中的"小闪电"执行该 SQL 语句，就可新建一个名为"demo"的数据库。

点击执行后，SCHEMAS 区可能还没显示出"demo"数据库，接下来在空白的区域点击鼠标右键，在出现的选项中选择"Refresh All"，刷新一下就可看见新建的"demo"数据库，如图 5 – 31 所示。

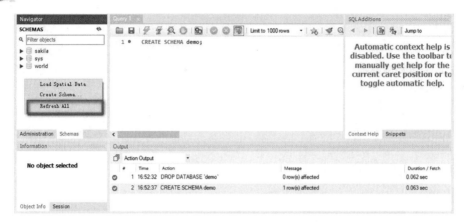

图 5-31　刷新数据库

删除操作与建立操作类似，只需将 SQL 语句改成"DROP SCHEMA demo"即可。

2. 创建与删除表

（1）用图形化界面中的选项进行创建和删除。在创建好的 demo 数据库中选中 Ta-bles，点击右键。在出现的选项中选择"Create Table"，如图 5-32 所示。

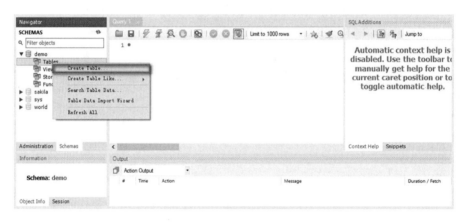

图 5-32　用图形化界面中的选项创建表

在图 5-33 界面中输入表的名称和列等信息后点击"Apply"创建该表。在 SCHE-MAS 区中可见表已经创建成功。同样地，可用右键点击该表格进行删除。

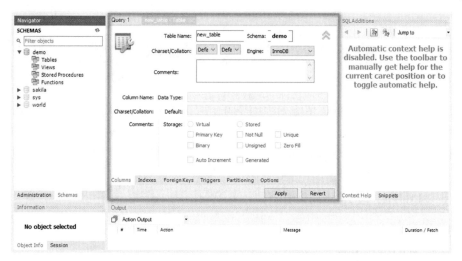

图 5 - 33　用图形化界面中的选项创建表的操作完成

（2）用 SQL 语言来创建、删除表。在 SQL 工作区写入创建表语句，如图 5 - 34 所示，执行后可完成表的创建工作。

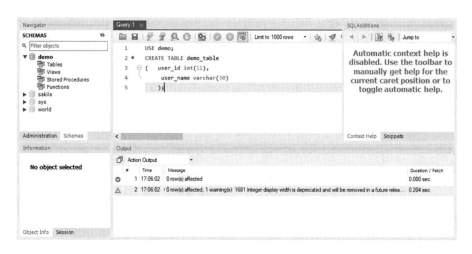

图 5 - 34　用 SQL 语言创建表

同样在左侧的 SCHEMAS 区中需要刷新才会显示出创建的表。可用"DROP TABLE demo_table"语句删除该表。

第6章 数据库连接技术

建立数据库连接是进行数据库编程的基础，在建立好连接的基础之上才能进行程序与数据库之间的信息传递。目前可供选择的数据库连接方式有很多，不同平台采用的连接方式也不同。本章重点介绍了 ODBC、ADO、JDBC、PyMySQL 四种数据库连接技术。

6.1　ODBC 技术

6.1.1　ODBC 简介

ODBC 是开放数据库互联（Open Database Connectivity）的简称，是微软公司开放服务结构（Windows Open System Architecture，WOSA）中有关数据库的一个组成部分，它建立了一组规范，并提供了一组访问数据库的标准 API（应用程序编程接口）。这些 API 利用 SQL 完成其大部分任务，ODBC 本身也提供了对 SQL 语言的支持，用户可以直接将 SQL 语句传送给 ODBC。ODBC 是最早的数据库程序设计接口，并且是数据库程序设计接口的标准。目前，市面上的数据库软件都支持 ODBC，ODBC 的出现结束了数据库开发的无标准时代。

ODBC 定义了访问数据库 API 的一个规范，这些 API 独立于不同厂商的 DBMS，也独立于具体的编程语言。ODBC 是为最大的互用性而设计的，即一个应用程序使用相同的源代码访问不同 DBMS 的能力。一个基于 ODBC 的应用程序对数据库的操作可以不依赖任何 DBMS，不直接与 DBMS 打交道，所有的数据库操作由对应的 DBMS 的 ODBC 驱动程序完成，但 ODBC API 并不能直接访问数据库。驱动程序管理器负责将应用程序对 ODBC API 的调用传递给对应的 ODBC 驱动程序，由驱动程序完成相应的操作。因为驱动程序在运行时才加载，所以，用户只需要增加一个新的驱动程序来访问新的 DBMS，没有必要重新编译或者重新链接应用程序。ODBC 的这些特点使得不论是 SQL Server、Access 还是 Oracle 设计的数据库，均可使用 ODBC API 进行访问。

6.1.2　ODBC 体系结构

ODBC 的体系结构由四个层次组成，它们之间的关系如图 6-1 所示。

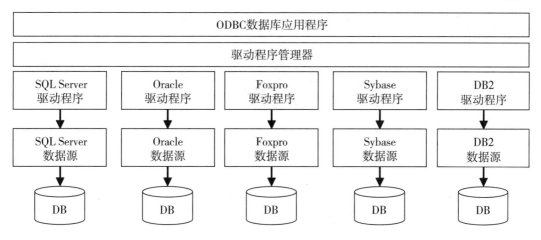

图 6 - 1 ODBC 的体系结构

（1）客户端程序（Application）。客户端程序是客户所接触使用的程序，它为用户安全地操作和使用数据库提供友好的用户界面。

（2）驱动程序管理器（Driver Manager）。驱动程序管理器的主要任务是管理各种安装的 ODBC 驱动程序。目前，各种系统都提供了驱动程序管理器。

（3）数据库驱动程序（Database Driver）。驱动程序管理器不能直接存取数据库，它将所要执行的操作提交给数据库驱动程序，通过驱动程序实现对数据源的各种操作，数据库操作结果也通过驱动程序返回给应用程序。具体的数据库驱动程序由数据库软件厂商提供，每个驱动程序都针对特定的 DBMS，例如，一个 Oracle 驱动程序不能直接访问 SQL Server DBMS 中的数据。

（4）数据源（Data Source）。数据源就是数据来源，即需要操作的数据。

6.1.3 通过 ODBC 操作数据库

可以通过使用 ODBC API 直接调用 SQL 命令来处理数据库的数据。ODBC API 是由一组函数调用组成的，ODBC 函数的主要功能就是将 SQL 语句发送到目标数据库中，然后处理这些 SQL 语句返回的结果。一般而言，应用程序访问数据库的基本步骤如下：

（1）为 ODBC 分配环境句柄。应用系统调用任何 ODBC 函数之前，首先必须初始化 ODBC，并建立一个环境。ODBC 用该环境建立数据库连接，并且监视应用系统已经建立的数据库连接。为每个应用系统建立一个环境是很有必要的，因为不管有多少连接都可以在一个环境中建立。

（2）分配一个连接句柄。就像应用系统的环境由环境句柄代表一样，连接句柄代表应用系统与数据源之间的连接。对于应用系统所要连接的每一个数据源，都必须分配一个连接句柄。

（3）连接到数据库。它是指使用分配的连接句柄以及利用数据源提供的一些具体的数据库参数对具体的数据库进行连接。数据库在操作之前必须进行连接。

（4）为 SQL 命令分配一个语句句柄。该语句句柄用于处理 SQL 请求。语句句柄分配之后，ODBC Driver Manager 使用该语句句柄管理 ODBC 连接和操作的各种状态信息。

（5）传送 SQL 命令。传送查询、更新 SQL 命令等。传送 SQL 命令一般是返回数据库操作的结果，如果数据库操作有错，那么返回报错信息。

（6）关闭连接。对数据库操作完毕后，应该关闭数据库连接。因为数据库连接包含了一些参数，这些需要消耗系统的各种资源，只有关闭连接才能把系统的资源释放出来。

6.1.4 常用的 ODBC API 函数

ODBC API 是一套复杂的函数集，可提供一些通用的接口，以便访问各种后台数据库。以下为 ODBC API 的一些常用函数，这些 ODBC API 函数名称与开发平台无关，但对于不同的程序开发平台，函数参数的书写名称和书写格式可能会不一致，实际使用中可以根据具体的开发平台，查阅具体的函数参数格式。

表 6 - 1　常用 ODBC API 函数

函数	功能	函数	功能
SQLAllocHandle	分配环境、连接或语句句柄	SQLGetData	从列中获取数据
SQLAllocEnv	获取 ODBC 环境句柄	SQLPrepare	为稍后的执行准备 SQL 语句
SQLAllocConnect	在已经分配好的环境中为连接句柄分配内存	SQLExecDirect	直接执行指定的 SQL 语句
SQLAllocStmt	获取语句句柄	SQLTables	返回储存在特定数据源中的表名列表
SQLConnect	建立数据库连接	SQLColumns	返回指定表中的列名列表
SQLSetEnvAttr	设置环境属性选项	SQLNumResultCols	返回结果集中的列数
SQLSetConnectAttr	设置与连接相关的选项	SQLBindCol	指定结果列的储存器并指定数据类型
SQLSetStmtAttr	设置与语句句柄相关的选项	SQLFetch	返回结果行
SQLGetInfo	返回有关特定驱动程序和数据源的信息	SQLPrimaryKeys	返回由表的主键组成的列名列表
SQLExecute	执行指定的 SQL 语句	SQLRowCount	获取行计数

6.2　ADO 技术

6.2.1　ADO 简介

ODBC 是最早的数据库程序接口，目前市面上的数据库软件都支持 ODBC，但是 OD-BC 的操作比较复杂，使用效率较低。此外，它的网络性能也比较差。

针对 ODBC 的网络性能比较差这个问题，微软推出了 RDO（Remote Data Object，远程数据对象）。RDO 是位于 ODBC 上层的 ActiveX 对象，它提供了 ODBC 的所有功能，使用起来也比较简单，而且网络功能也得到了较大的提高。为了进一步提高数据库访问的性能，微软又先后花费了不少时间提出了基于 COM 的 OLE DB 数据库程序接口和 ADO（ActiveX Data Objects）技术，用来替代过时的 DAO（Data Access Object）技术和 RDO 技术。DAO 的底层是 JET 引擎，主要用来提供对 Access 数据库的访问，比较新的版本也支持访问其他数据库，不过对于其他数据库，由于需经过 JET 的中间层，因此它的访问速度比较差。在所有对 Access 数据库的访问方法中，JET 是最快的。

可以将 OLE DB 等同于 ODBC，只是它的性能得到了提高，而 ADO 可以等同于 RDO，并且性能也得到了相应的提高，ADO 和 OLE DB 的关系如图 6 - 2 所示。从图中可以看出，ADO 位于 OLE DB 的上层，为那些不能直接访问 OLE DB 的语言（如 Visual Basic 和脚本语言）提供编程接口。此外，ADO 提供了比 OLE DB 更容易的编程接口。由于 ADO 支持脚本，因此在 HTML 中可以很容易地操作数据库，其主要优点是易于使用、高速度、低内存支出和占用磁盘空间较少。ADO 支持用于建立基于客户端/服务器和 Web 的应用程序的主要功能。

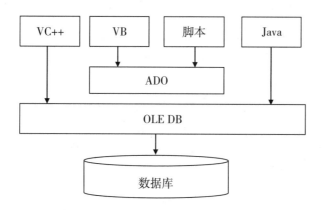

图 6 - 2　ADO 和 OLB DB 的关系

6.2.2　通过 ADO 连接数据库

与 ODBC API 提供的函数调用一样，ADO 提供的接口也可以看成由一组对象的调用组成，只是 ADO 技术比 ODBC 技术更加先进。ODBC 诞生的时候，它的主要编程思想是面向过程的程序设计，因此 ODBC 是一组提供给面向过程设计语言使用的 API 函数。随着编程语言思想的进步和发展，面向对象的程序设计思想开始占据主流地位，面向对象的程序设计语言开发平台对 ODBC 进行了包装，提供了一组封装的 ODBC 对象给用户使用，即 ADO 提供的接口是一组提供给程序设计语言调用的对象，不过从本质上讲这组对象的核心还是 ODBC API 函数的调用。

利用 ADO 访问和操作数据库的过程与通过 ODBC API 函数访问和操作数据库的过程比较相似，其基本步骤如下：

（1）使用 Connect 对象连接数据库。

（2）使用 Connect 对象的方法或者其他对象的方法操作和访问数据库。

（3）关闭数据库连接，释放系统资源。

6.2.3　常用的 ADO 对象

下面根据使用的 ADO 对象的基本步骤，介绍一些常用的 ADO 对象。

1. Connection 对象

访问数据库信息的第一步是和数据库源建立连接，ADO 提供 Connection 对象，可以使用该对象建立和管理应用程序与 ODBC 数据库之间的连接。Connection 对象代表与数据源进行的唯一会话。如果是客户端/服务器数据库应用系统，该对象可以等价于到服务器的实际网络连接。如果要建立数据库连接，首先应创建 Connection 对象的实例。

Connection 对象有各种属性和方法，可以使用它们打开和关闭数据库连接，并且发出查询请求来更新信息。属性只是对象的参数，方法是指对象提供的函数，利用 Connection 对象提供的属性和方法可以与实际数据库建立连接，并且能对连接进行某些设置。

2. Command 对象

Command 对象主要执行添加、删除、修改及查询数据的操作命令。默认情况下，CommandType 的属性为 CommandType. Text，表示执行的是普通 SQL 语句。也可以用来执行存储过程，此时需将 CommandType 的属性设置为 CommandType. StoredProcedure。

Command 主要有三种方法：

（1）ExecuteNonQuery（）：执行一个 SQL 语句，返回受影响的行数。这种方法主要用于对数据库执行增加、更新、删除的操作，执行查询的时候不用这种方法。

（2）ExecuteReader（）：执行一个查询的 SQL 语句，返回一个 DataReader 对象。

（3）ExecuteScalar（）：执行查询，并返回查询结果集中第一行的第一列。所有其他的列和行将被忽略。当 select 语句无记录返回时，ExecuteScalar（）返回 NULL 值。

3. DataReader 对象

DataReader 对象是一个读取行的只读流的方式，绑定数据时比使用数据集方式的性能要高，因为它是只读的，所以如果要对数据库中的数据进行修改就需要借助其他方法将所作的更改保存到数据库。

DataReader 对象不能直接实例化，必须借助相关的 Command 对象来创建实例，例如用 SqlCommand 实例的 ExecuteReader( ) 方法可以创建 SqlDataReader 实例。因为 DataReader 对象读取数据时需要与数据库保持连接，所以在利用 DataReader 对象读取完数据之后应该立即调用它的 Close( ) 方法将其关闭，并且还应该关闭与之相关的 Connection 对象。在 . net 类库中提供了一种方法，在关闭 DataReader 对象的同时自动关闭掉与之相关的 Connection 对象，使用这种方法是可以为 ExecuteReader( ) 方法指定一个参数，如：

SqlDataReader reader = command. ExecuteReader(CommandBehavior. CloseConnection) ;

CommandBehavior 是一个枚举，上面使用了 CommandBehavior 枚举的 CloseConnection 值，它能在关闭 SqlDataReader 时关闭相应的 SqlConnection 对象。

使用 DataReader 检索数据的一般步骤如下：

（1）创建 Command 对象。

（2）调用 ExecuteReader( ) 创建 DataReader 对象。

（3）使用 DataReader 的 Read( ) 方法逐行读取数据。

（4）读取某列的数据，（type）DataReader [ ]。

（5）关闭 DataReader 对象。

4. DataAdapter 对象

DataAdapter 对象也称为数据适配器对象，DataAdapter 对象利用数据库连接对象（Connection）连接的数据源，使用数据库命令对象（Command）规定的操作从数据源中检索出数据送往数据集对象（DataSet），或者将经过集中编辑后的数据送回数据源。

数据适配器将数据填入数据集时调用方法 Fill( )。当 DataAdapter 1 调用方法 Fill( ) 时，使用与之相关联的命令组件指定的 SELECT 语句从数据源中检索行。然后将行中的数据添加到 DataSet 的 DataTable 对象中或者直接填充到 DataTable 的实例中，如果 DataTable 对象不存在，则自动创建该对象。当执行上述 SELECT 语句时，与数据库的连接必须有效，但不需要用语句将连接对象打开。如果调用 Fill( ) 方法之前，与数据库的连接已经关闭，则将自动打开它以检索数据，执行完毕后再自动将其关闭。如果调用 Fill( ) 方法之前连接对象已经打开，则检索后继续保持打开状态。

5. DataSet 对象

DataSet 对象也称为数据集对象，DataSet 对象用于表示那些储存在内存中的数据，它相当于一个内存中的数据库。它可以包括多个 DataTable 对象及 DataView 对象。DataSet 主要用于管理存储在内存中的数据以及对数据的断开操作。由于 DataSet 对象提供了一个离线的数据源，减轻了数据库以及网络的负担，在设计程序的时候可以将 DataSet 对象作为程序的数据源。

6. DataTable 对象

DataTable 是 ADO 中的核心对象，就像普通数据库中的表一样，它也有行和列。它主要包括 DataRow 和 DataColumn，分别代表行和列。

数据行（DataRow）是给定数据表中的一行数据，或者说是数据表中的一条记录。DataRow 对象的方法提供了对表中数据的插入、删除、更新和查看等功能。提取数据表中的行的语句如下：

DataRow dr = dt. Rows[n]；

其中：DataRow 代表数据行类；dr 代表数据行对象；dt 代表数据表对象；n 代表行的序号（序号从 0 开始）。

数据表中的数据列（DataColumn）定义了表的数据结构，可以用它确定列中的数据类型和大小，还可以对其他属性进行设置，例如：确定列中的数据是否是只读的、是否是主键、是否允许空值等，还可以让列在一个初始值的基础上自动增值，增值的步长还可以自行定义。某个列下的某个值需要在该数据行的基础上进行插入。

6.3　JDBC 技术

6.3.1　JDBC 简介

JDBC 是 Java 的开发者——Sun 的 Javasoft 公司制定的 Java 数据库连接（Java Data-Base Connectivity）技术的简称，是为各种常用数据库提供无缝连接的技术。JDBC 在 Web 和 Internet 应用程序中的作用和 ODBC 在 Windows 系统应用程序中的作用类似。但与 OD-BC 相比，JDBC 更符合 Java 作为面向对象的程序设计语言的要求，在代码的安全性、实现性、坚固性和程序的自动移植性方面都更加优越；同时，JDBC 尽量保证简单功能的简便性，这使得 JDBC 比 ODBC 更容易掌握，在必要时 JDBC 允许使用高级功能，网络效率也比较高。

JDBC 通过一系列的 Java 对象接口来实现与数据库的连接，从整体上看，JDBC API 大致可以分为两个层次：一个是面向程序开发人员的应用程序层（JDBC API），开发人员用 API 通过 SQL 访问或操作数据库并取得结果；另外一个是底层的驱动程序层（JDBC Driver API），这层处理与具体驱动程序的通信。

对于 Java 数据库程序设计来说，所有的 JDBC API 都打包在 java. sql 中，其中比较重要的对象接口有以下几个：

（1）DriverManager 对象（java. sql. DriverManager）：DriverManager 对象负责处理驱动

程序的调入并且对生产新的数据库连接提供支持。

（2）Connection 接口（java. sql. Connection）：Connection 接口代表了对特定数据库的连接。

（3）Statement 接口（java. sql. Statement）：Statement 接口代表一个特定的容器，用来对一个特定的数据库连接执行指定的 SQL 语句。Statement 接口还可以进一步分为两个继承的子类型接口：PreparedStatement 接口（java. sql. PreparedStatement）和 CallableStatement 接口（java. sql. CallableStatement）。

（4）ResultSet 对象（java. sql. ResultSet）：ResultSet 对象用于控制对一个特定语句行数据的存取和其他操作。

6.3.2　JDBC 驱动程序

1. JDBC-ODBC 桥加 ODBC 驱动程序

ODBC 是第一种数据库程序设计接口，使用非常广泛，目前所有的主流数据库公司都对 ODBC 提供了支持。JDBC 为了与 ODBC 兼容，提供了 JDBC-ODBC 桥。程序通过 JDBC-ODBC 桥可以访问没有提供 JDBC 驱动的数据库，如微软公司的 Access 数据库。

JDBC-ODBC 桥的主要优点是其具有连接几乎所有平台上的所有数据库的能力，也可能是访问低端桌面数据库（如 Access）和应用程序的唯一方式。但是，它本身也存在着一定的缺点，一是 ODBC 驱动程序需要安装并加载到目标机器上，二是 JDBC 和 ODBC 之间的转换将在很大程度上影响系统的性能。

2. 本地 API 和部分 Java 编写的驱动程序

这种类型的驱动程序把客户机 API 上的 JDBC 调用转换为对数据库的调用，即通过调用本地 API 来实现与数据库的通信。

这种类型的驱动程序要比采用类型 1 方式的速度快很多，但它仍然需要在目标机器上安装本地代码，而且 JDBC 所依赖的本地接口在不同的 Java 虚拟机供应商以及不同的操作系统上是不同的。

3. JDBC 网络纯 Java 驱动程序

这种驱动程序将 JDBC 转换为与 DBMS 无关的网络协议，然后这种协议又被某个服务器转换为一种 DBMS 协议。这种网络服务器中间件能够将它的纯 Java 客户机连接到多种不同的数据库上，所用的具体协议取决于提供者。通常，这是最为灵活的 JDBC 驱动程序，非常适用于基于网络的应用程序。

这种方式的驱动程序的主要优点是不需要客户机上有任何本地代码，也不需要客户安装任何程序。其最大缺点是由于它的网络接口将整个体系结构复杂化了，因此很难实现。

4. 本地协议纯 Java 驱动程序

这种类型的驱动程序将 JDBC 调用直接转换为 DBMS 所使用的网络协议，这将允许从客户机上直接调用 DBMS 服务器，是 Intranet 访问数据库的一个很实用的解决方法。由于它是一个本地协议，而且是纯 Java 驱动程序，因此，不需要对客户机进行任何配置，只需要告诉应用程序到哪里去找驱动程序，这就允许客户的应用程序直接调用数据库服务器。这些协议中有许多是个别数据库所特有的，因此这些驱动程序基本上是由数据库开发商自己提供的。纯 Java 驱动程序可以直接处理指定的数据库管理系统，因此是最小的而且通常是效率最高的驱动程序。

对于这四类驱动程序，第 1 和第 2 类驱动程序在直接的纯 Java 驱动程序还没有上市前，会作为过渡方案来使用。第 3 和第 4 类驱动程序提供了 Java 的所有功能，将成为从 JDBC 访问数据库的首选方法。

6.3.3　使用 JDBC 连接数据库

利用 JDBC 访问和操作数据库的过程与通过 ADO 或者 ODBC 访问和操作数据库的过程比较相似，一般而言，使用 JDBC 数据库程序设计接口开发数据库应用系统的基本步骤为：①加载驱动程序；②建立连接；③建立用于查询或者更新的语句；④处理结果；⑤关闭连接。

6.3.4　JDBC 常用对象接口

1. DriverManager 对象

DriverManager 类是 JDBC 的管理层，作用于用户和驱动程序之间。它用于跟踪可用的驱动程序，并在数据库和相应驱动程序之间建立连接。另外，DriverManager 类也处理如驱动程序登录时间限制及登录和跟踪消息的显示等事务。DriverManager 对象常用的方法见表 6 - 2。

表 6 - 2　DriverManager 对象常用方法

方法	功能
Getconnection	加载合适的驱动程序以建立连接
Getdriver	返回指定的 URL 的驱动程序
Getdrivers	计算当前已选取的所有 JDBC 驱动器数目，这些驱动器是当前调用者正在访问的，并返回该数值
Registerdriver	注册选取的驱动器以告知 DriverManager

2. Connection 接口

Connection 接口代表与数据库的连接。连接过程包括执行的 SQL 语句和在该连接上返回的结果。一个应用程序可与单个数据库有一个或多个连接，或者可与许多数据库有连接。Connection 接口常用的方法见表 6 - 3。

表 6 – 3　Connection 接口常用方法

方法	功能
Close	关闭连接并且释放资源
Createstatement	新建一个 Statement 对象
Gettransactionlsolation	获得该 Connection 的当前事务隔离模式
Isclosed	检测一个 Connection 是否被关闭
Isreadonly	检测该连接是否在只读状态

3. Statement 接口

Statement 接口用于将 SQL 语句发送到数据库中。JDBC 实际上有三种 Statement 接口：Statement 接口、PreparedStatement 接口（从 Statement 接口继承）以及 CallableStatement 接口（从 PreparedStatement 接口继承），它们都是作为在给定连接上执行 SQL 语句的包容器。这三种 Statement 接口都用于发送特定类型的 SQL 语句，其中：Statement 提供了执行语句和获取结果的基本方法，它用于执行不带参数的简单 SQL 语句；PreparedStatement 接口添加了处理 In 参数的方法，它用于执行带或不带 In 参数的预编译 SQL 语句；CallableStatement 接口用于执行对数据库已储存过程的调用。Statement 接口常用的方法见表6 – 4。

表 6 – 4　Statement 接口常用方法

方法	功能
Close	关闭时立即释放该语句的资源
Cancel	取消一个线程正在执行的一条语句
Execute	执行一条可能返回多个结果的 SQL 语句
Executequery	执行一条返回单个 ResultSet 的 SQL 语句
Executeupdate	执行一条包含 INSERT、UPDATE 或 DELETE 等命令的 SQL 语句
Getmaxfieldsize	获得任何列值返回的数据的最大数量（以字节为单位）
Getmaxrows	获得 ResultSet 对象可包含的最大行数
Getmoreresults	移到语句的下一个结果
Getquerytimeout	获得限制驱动程序等待一条语句执行的最大秒数
Setquerytimeout	设置限制驱动程序等待一条语句执行的最大秒数
Getresultset	返回 ResultSet 的当前结果
Setcursorname	定义由后继的语句执行方法使用的 SQL 游标名

4. ResultSet 接口

ResultSet 对象中包含了符合 SQL 语句中条件的所有行，并且它通过一套 getxxx 方法（这些 getxxx 方法可以访问当前行中的不同列）提供了对这些行中数据的访问途径，方法对列名的大小写是敏感的。ResultSet 接口常用的属性和方法见表 6-5。

表 6-5　ResultSet 接口常用属性和方法

属性/方法	功能
ResultSetConcurrency	属性，定义有关数据能否更改的规范
ResultSetType	属性，定义有关 ResultSet 类型的规范
Close	关闭时立即释放该语句的资源
FindColumn	映射一个 ResultSet 列名到 ResultSet 列号
BeforeFirst	浏览到第一个数据条目之前
AfterLast	浏览到最后一个数据条目之后
InsertRow	插入行
IsAfterLast	确定是否位于最后一个数据条目之后
IsBeforeFirst	确定是否位于第一个数据条目之前
GetString	把当前行的列值作为一个 JavaString 获取
GetTime	把当前行的列值作为一个 java. sql. Time 对象获取
MoveToCurrentRow	移动到指定的行
MoveToInsertRow	移动到指定的插入行
Next	定位于当前行的下一行记录，ResultSet 初始定位是表格的第一行记录之前
Previous	定位于当前行的前一行
UpdateRow	将更新的数据传送到数据库

5. ResultSetMetaData 接口

ResultSetMetaData 接口提供了与 ResultSet 属性相关的信息，其中包括列的名称和数据类型等。可以使用 ResultSet 接口的 GetMetaData 方法获得 ResultSetMetaData 对象。ResultSetMetaData 接口常用方法见表 6-6。

表 6-6　ResultSetMetaData 接口常用方法

方法	功能
IsAutoincrement	确定列是否自动计数，因此它是只读的
Iscasesensitive	确定列是否区分大小写
Iscurrency	确定列是否是通用的
Isdefinitelywritable	确定对列的写操作是否一定成功
Isnullable	查询在该列中是否可以放一个 NULL 值
Isreadonly	确定列是否不可读

（续上表）

方法	功能
Issearchable	确定该列是否可查询
Issigned	确定该列是否有符号数
Iswritable	确定对该列的写操作是否会成功
Getcatalogname	获得列的表的目录名
Getcolumncount	获得 ResultSet 中的列数
Getcolumndisplaysize	获得列的正常的最大字符宽度
Getcolumnlabel	获得打印输出和显示的建议列标题
Getcolumnname	获得列名
Getcolumntype	获得一个列的 SQL 类型
Getcolumntypename	获得一个列的数据源特定的类型名
Getprecision	获得一个列的十进制数字的位数
Getscale	获得一个列的十进制小数点右面数字的位数
Getschemaname	获得一个列的表的模式
Gettablename	获得列的表名
Getmetadata	获得 ResultSet 的列编号、类型和特性

6.4　PyMySQL 技术

6.4.1　PyMySQL 简介

PyMySQL（Python-MySQL）是一个开源的驱动连接技术项目，其主要包含一个纯 Python 操作 MySQL 数据库的模块，可以通过该模块轻松连接 MySQL 数据库进行增加、删除、修改和查询的操作，其大多数公共 API 都与 MySQL Client 和 MySQL db 兼容。需要注意的是 PyMySQL 不支持 MySQL 提供的低级 API，如 data_seek、store_result 和 use_result。该项目技术遵循（数据库 API 规范 V2.0）PEP249。

6.4.2　PyMySQL 的安装与使用

PyMySQL 的下载方式总体上说可以分为两种：①使用 Python 包管理工具下载并安装；②通过 Git 命令克隆项目下载并安装。

1. 使用 Python 包管理工具下载并安装

pip 是一个现代的、通用的 Python 包管理工具，它提供了对 Python 包的查找、下载、安装、卸载的功能。pip 已内置于 Python 2.7 和 3.4 及以上版本，其他版本需另行安装。

常用命令见表6-7。

表6-7 PyMySQL 常用命令

命令	功能
install	安装安装包（Install packages）
uninstall	卸载安装包（Uninstall packages）
list	列表列出已安装的包（List installed packages）
check	检查已安装的软件包是否具有兼容的依赖项（Verify installed packages have compatible dependencies）

【例6-1】通过 pip 命令直接下载 PyMySQL。
1. pip install PyMySQL

2. 通过 Git 命令克隆项目下载并安装

Git 是 Linus Torvalds 为了帮助管理 Linux 内核开发而开发的一个开放源码的版本控制软件。Git 与常用的版本控制工具 CVS. Subversion 不同，它采用了分布式版本库的方式，不需要服务器端软件支持。Git 的工作就是创建和保存项目的快照及与之后的快照进行对比。Git 常用命令见表6-8。

表6-8 Git 常用命令

命令	功能
git init	初始化仓库
git clone	拷贝一份远程仓库，也就是下载一个项目
git add	添加文件到暂存区
git commit	提交暂存区到本地仓库

【例6-2】通过 Git 命令直接下载 PyMySQL。
1. git clone https://github.com/PyMySQL/PyMySQL
2. cd PyMySQL/
3. python setup.py install

6.4.3 使用 PyMySQL 连接数据库

使用 PyMySQL 连接数据库的基本步骤为：①导入 PyMySQL 驱动连接库；②建立连接；③建立用于查询或者插入的语句；④处理结果；⑤关闭数据库连接。

1. 导入 PyMySQL 驱动连接库

使用 PyMySQL 连接 MySQL 数据库的第一步是将该库导入应用程序中，然后使用该驱动打开与 MySQL 数据库的连接。

　　由于前面已经通过两种方法下载并安装了该库的安装包，因此在目标程序代码中直接导入即可。下面的例 6 – 3 显示了如何导入 PyMySQL 驱动。

【例 6 – 3】导入 PyMySQL 驱动。

```
1.   import pymysql
```

2. 建立连接

通过 PyMySQL 内置 connect 方法打开数据库连接，程序员就可以在指定的格式与指定的数据库之间建立连接。程序员需要在此类中直接使用方法 pymysql. connect。具体语句为：

```
db = pymysql. connect（host = 'localhost',
                        user = ' **** ',
                        password = ' t **** ',
                        database = ' ***** '）
```

其中，user 表示所用的用户标识符；password 表示口令；database 表示所选数据库。

【例 6 – 4】打开 MySQL 数据库，并建立连接。

```
1.   #打开数据库进行连接
2.   db = pymysql.connect(host='localhost', user='userID', password='passWD',
     database=' E_bookstore ')
```

3. 建立用于查询或者插入的语句

　　加载驱动并建立连接后，就可以对数据库进行查询、插入、删除和更新等操作。向数据库传送 SQL 命令前可使用 cursor( ) 方法创建一个游标对象，通过 execute( ) 等方法对数据库进行操作。

【例 6 – 5】使用 cursor( ) 方法创建一个游标对象 cursor。

```
coursor=db.cursor()
```

　　创建了 cursor 游标对象之后，就可以通过该对象发送 SQL 语句执行相应的数据库访问和操作。cursor 对象调用 cursors 模块下的 cursor 的类，以此为基础与数据库进行交互。游标提供了执行 SQL 语句的方法：execute 方法、executemany 方法。具体使用哪一种方法由 SQL 语句所产生的内容及数量决定。

（1）execute 方法：一般用于执行少量的 SQL 命令。

（2）executemany 方法：一般用于执行批量的 SQL 命令。

【例 6-6】通过 cursor 对象执行"SELECT BookID，BookName FROM Book_Information"查询语句，即从书籍信息表中选择书籍编号和书名。

```
1.  sql="""SELECT BookID,BookName FROM
2.  Book_Information"""   #sql 查询语句
3.  cursor.execute(sql)     #执行 sql 查询语句
```

【例 6-7】在 User_List 表中插入 1 行数据。

```
1.  sql = """INSERT INTO User_List (UserID, Account, Password, TName)
    VALUES ('lisi', 'leesi', pwd, '李四')"""
2.  cursor.execute(sql)
```

4. 处理结果

在执行完数据库操作（增删改查）后，Python 查询 Mysql 使用 fetchone 方法获取单条数据，使用 fetchall 方法获取多条数据，利用返回的结果可以依程序员需求进行处理。

（1）fetchone 方法：该方法获取下一个查询结果集，结果集是一个对象。

（2）fetchall 方法：该方法接受全部的返回结果行。

（3）rowcount 方法：该方法是一个只读属性，返回执行 execute 方法后影响的行数。

【例 6-8】从选择结果中取出书名（BookName）字段，并将值存储在 data 变量中。

```
1.  data = cursor.fetchone()         # 使用 fetchone() 方法获取单条数据
2.  print (f"BookName is :{data}")  # 打印获取到的书名
```

5. 关闭数据库连接

使用数据库有关的对象所消耗的内存是很大的，它们对系统的性能有显著的影响，因此在不使用数据库的时候应该关闭 connect 连接。关闭连接的方法是调用对象中的 close 方法。

【例 6-9】关闭 connect 连接。

```
1.  db.close()  #关闭数据库连接
```

6. 错误处理

数据库操作偶尔会出错，在 DB API 中定义了一些常见的数据库操作错误及异常，见表6-9。

表 6 - 9　DB API 中的常见错误及异常

错误/异常	描述
Warning	当有严重警告时触发，如插入数据是被截断等；必须是 StandardError 的子类
Error	除警告类型外的所有其他错误类型；必须是 StandardError 的子类
InterfaceError	当有数据库接口模块本身的错误（而不是数据库的错误）发生时触发；必须是 Error 的子类
DatabaseError	和数据库有关的错误发生时触发；必须是 Error 的子类
DataError	当有数据处理时的错误发生时触发，例如：除零错误、数据超范围等；必须是 DatabaseError 的子类
OperationalError	指非用户控制的，而是操作数据库时发生的错误。例如：连接意外断开、数据库名未找到、事务处理失败、内存分配错误；必须是 DatabaseError 的子类
IntegrityError	数据库的内部错误，如游标（Cursor）失效了、事务同步失败等；必须是 DatabaseError 子类
InternalError	添加文件到暂存区
ProgrammingError	程序错误，如数据表（Table）没找到或已存在、SQL 语句语法错误、参数数量错误等；必须是 DatabaseError 的子类
NotSupportedError	不支持错误，指使用了数据库不支持的函数或 API 等，例如在连接对象上使用 . rollback( ) 函数，然而数据库并不支持事务或者事务已关闭；必须是 DatabaseError 的子类

第7章 数据分析与商务应用

在前面的章节中，我们学习了数据库的概念原理及对数据的存储、修改等基本操作。本章将介绍如何对已有数据加以利用，如何从收集到的大量数据中提取有用的信息形成结论并指导商务领域的工作。本章主要介绍 Python 中常见的数据分析和可视化方法，旨在帮助学生快速了解 Python 在数据分析方面的常见库 Numpy、Pandas 和数据可视化的常见库 Matplotlib 及其简单应用。

7.1 Python 语言基础

7.1.1 Python 概述

1. Python 的语言特点

Python 是一种被广泛使用的解释型、高级、通用的编程语言，它支持多种编程范型，包括：函数式、指令式、反射式、结构化和面向对象的编程。它拥有动态类型系统和垃圾回收功能，能够自动管理内存使用，并且其本身还拥有一个巨大而广泛的标准库。它的语言结构以及面向对象的方法旨在帮助程序员为小型和大型的项目编写清晰、合乎逻辑的代码。Python 的设计哲学强调代码的可读性和简洁的语法，尤其是使用空格缩进划分代码块。

得益于 Python 语言的诸多特性，国内外用 Python 做科学计算的研究机构日益增多，众多开源的科学计算软件包都提供了 Python 的调用接口。而 Python 专用的科学计算扩展库就更多了，例如经典的科学计算扩展库：NumPy、SciPy 和 matplotlib，它们分别为 Python 提供了快速数组处理、数值运算以及绘图功能。

2. Python 的安装

登录 Python 官方网站（https：//www. python. org/）后，点击导航栏中的"Downloads"，进入 Python 下载界面，选择匹配计算机的操作系统（本书以 Windows 操作系统为例，其他操作系统可阅读官方指引手册自行安装）下载。

7.1.2 Python 数据分析平台

1. Jupyter Notebook 概述

Jupyter Notebook 是基于网页的用于交互计算的交互式笔记本程序，是目前数据科学领域中非常热门的数据处理及协作工具，是常用的 Python 数据分析平台。它可被应用于数据处理的全过程：开发、文档编写、运行代码和展示结果。它还可以在网页中直接编写和运行代码，运行结果也会在代码块下直接显示，如在编程过程中需要编写说明文档，可在同一个页面中直接编写，便于及时进行说明和解释。

2. Jupyter Notebook 的主要特点

Jupyter Notebook 中的交互计算、文档说明、数学公式、图片等都是以文档的形式体现的。这些文档保存成后缀名为 .ipynb 的 JSON 格式文件，这样做不仅便于版本控制，也方便和他人共享。此外，文档还可以以 HTML、LaTeX、PDF 等格式导出。Jupyter Notebook 的优点如下：

（1）编程时具有语法高亮、缩进、tab 补全的功能。

（2）可直接通过浏览器运行代码，同时在代码块下方展示运行结果。

（3）以富媒体格式展示计算结果。富媒体格式包括 HTML、LaTeX、PNG、SVG 等。

（4）为代码编写说明文档或语句时，支持 Markdown 语法。

（5）支持使用 LaTeX 编写数学性说明。

3. 安装 Jupyter Notebook

安装前提：已安装 Python（2.7 版本或 3.3 版本及以上）。

（1）Anaconda 默认安装。Anaconda 是一个开源的 Python 发行版本，其包含了 conda、Python 等 180 多个科学包及其依赖项，其中就包括 Jupyter Notebook，若已下载安装了 Anaconda，可直接在其基础上使用，本章不再介绍其下载安装方式。若因计算机操作系统等因素导致没有默认安装 Jupyter Notebook 或其他无法正常使用的情况，可尝试使用包管理器命令下载并安装。

【例 7 - 1】使用 conda 命令安装 Jupyter Notebook。

```
1.  conda install jupyter notebook
```

（2）使用 pip 命令安装。pip 是一个现代的、通用的 Python 包管理工具。它提供了对 Python 包的查找、下载、安装、卸载的功能。可以通过 pip 命令下载安装 Jupyter Notebook，在第 6 章已使用 pip 安装 PyMySQL 驱动，常用命令见表 6 - 7。

【例 7 - 2】基于 Python 3. x 版本，使用 pip 命令安装 Jupyter Notebook。

```
1.  pip3 install -upgrade pip
2.  pip3 install jupyter
```

安装完成后可以看到 Jupyter Notebook 的界面，如图 7 - 1 所示。

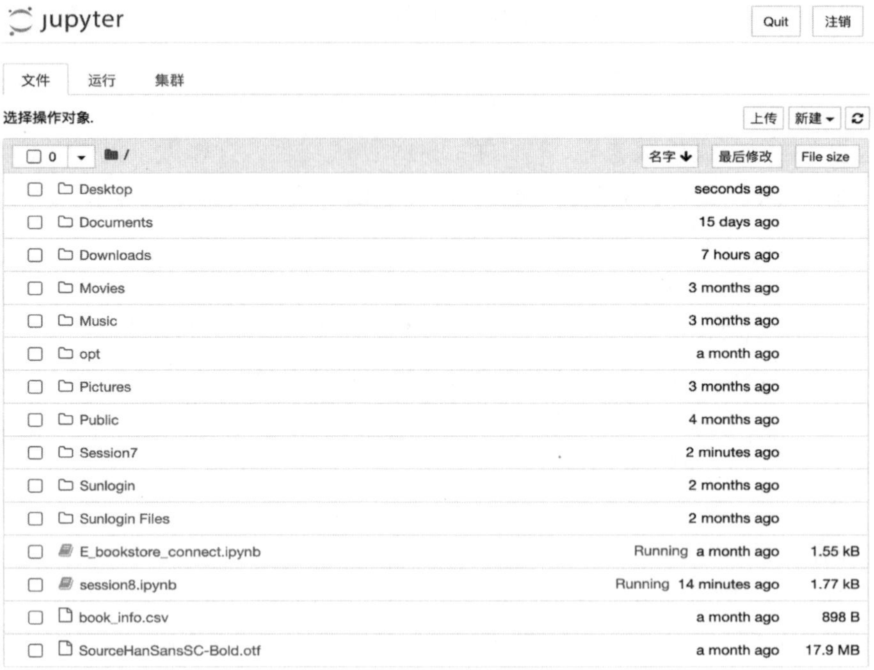

图 7 - 1   Jupyter Notebook

7.1.3   Python 面向对象程序设计

Python 是一门多范式的编程语言，支持不同的编程方法，解决编程问题有众多方法，其中一种流行的方法是创建对象，即常见于各种编程语言中的面向对象的编程（Object-Oriented Programming，OOP），其主要思想为专注于创建可重复使用的代码，提高复用性，减少冗余的代码。在 Python 中，OOP 概念主要有三种基本原则：继承、封装、多态。

1. 类（Class）

类和对象是面向对象编程的基本元素，它定义了一个对象的结构和行为。在面向对象的程序设计里面，可以将要表达的概念封装在一个类里面。例如：动物是一个概念，可以将其定义为一个类，这个类专门用于表达动物的属性和行为。用类对表达的概念进行封装正是面向对象程序设计语言与面向过程的程序设计语言的本质区别之一。

面向对象最重要的概念就是类和实例（Instance），类是抽象的模板，比如书籍类（Book），而实例是根据类创建出来的一个个具体的"对象"，每个对象都拥有相同的方法，但各自的数据可能不同。在 Python 中定义类是使用 class 关键字，语法格式如下：

class Book：

代码块主体

在上述格式中，使用 class 关键字来定义一个空类 Book。我们可从类中构造一个个具体的实例（由特定类创建的特定对象），在构造实例之前，通常会在类中定义一些方法，规定在类下构造的对象拥有相同的属性。

2. 对象（Object）

对象是根据类构造的一个个实例，通常拥有相同的属性，但拥有不同的数据。定义类时，仅定义对象的描述，因此没有分配内存或存储。在类中当我们构造了一个简单的 Book 类，那么我们就可以构造出一个实例，创建实例是通过"类名＋（ ）"实现的。

3. 方法

方法是在类主体内定义的函数，它们用于定义对象的行为。类的方法和普通函数基本一致，仍然可以用默认参数、可变参数、关键字参数和命名关键字参数。

在上面的示例程序中，我们定义了一个 Book 类，定义了类的属性 name 和 price，即书名和价格。定义了一个实例方法 author（ ）后，通过 Book（ ）我们构造了一个 database 对象，并调用了实例方法，输出了"数据库教程书籍作者是：张三"。

4. 继承

在面向对象的程序设计中，当我们定义一个类时，可以从某个现有的类继承，新的类称为子类（Subclass），子类自动拥有父类的所有功能，而被继承的类称为基类、父类或超类（Base class、Super class）。

上述例子中，类的构造方法用来表示要创建 Book 的子类，这个子类是 Book 类的继承。在创建子类 EBook 时使用了 pass 关键字，即暂时不作任何处理，在实例化子类对象时，直接使用了 Book 的属性及方法，可知当子类直接继承父类的所有功能，在此基础上还可对父类的方法进行改造等，此处不再深入。

5. 封装

在 Python 编程中为了防止数据直接被外部程序通过调用相关函数的方法修改，通常会使用封装技术来限制外部程序对方法和变量的直接访问，通过私有化变量及方法，隐藏类中内部的复杂逻辑，确保外部程序不能随意修改内部状态，提高代码鲁棒性，即代码的健壮性。

如果要让内部属性不被外部访问，可以在属性的名称前加上两个下划线"__"，实例的变量名如果以"__"开头，就变成了一个私有变量（Private），只有内部可以访问，外部不能访问。

6. 多态

在面向对象的程序设计的概念中，除了封装与继承外，多态与多态性也是非常重要的特性。多态是指一类事物可以拥有多种形态，比如定义一个图书类，继承该父类的可以有科学图书子类、艺术图书子类等，即一个抽象类可以拥有多个子类。多态特性一般满足两个条件：一是多态发生在子类与父类之间（继承），二是子类重写了父类的方法（重写）。

7.2　数据分析基础

7.2.1　数据的收集与清洗

1. 数据收集

数据收集是数据分析的基础，全面且丰富的数据是得出良好数据分析结果的前提。常见的收集数据的数据源有内部来源和外部来源。

（1）数据内部来源。

①自己开发的业务系统的数据，数据大多存储在 MySQL、Oracle 等数据库中，或者以日志的形式存储在日志系统中，这种数据一般都会由企业的数据工程师通过 ETL 来获取，并最终落在数据仓库中，以供数据分析师使用。

②信息化系统的数据，如 ERP 等，一般都是企业采购的系统，用于提升企业内部经营管理的效率，进行信息化转型。获取此类数据有两种方式：一种是提供数据库，方便获取；另外一种提供 API，要编写脚本定时获取数据。

③还有一类是本地的数据，常分散在企业内部员工的电脑里，难以集中。

（2）数据外部来源。

① 获取公开网站上的数据，可以通过编写爬虫程序，在符合信息安全管理条例的前提下去收集所需数据，这种方式代替了传统的人工浏览获取数据的方式，大大提高了收集数据的效率。

②获取平台或公司主动提供的数据，如特定开放数据的 API 接口，我们可以遵循数据提供方提供的接口文档要求，编写代码去收集对应数据。

③获取付费或商业合作方提供的数据，如行业信息数据库、数据分析报告等。

2. 数据清洗

数据库中的数据是面向某一主题的数据的集合，这些数据从多个业务系统中抽取而来并包含历史数据，这样就避免不了错误数据或数据相互之间有冲突，这些错误或有冲突的数据显然是我们不想要的，称为"脏数据"。网上书店数据库中共有各类型书籍数据 512 条，获取的原始数据部分如图 7-2 所示。

	book_name	edition	size	ISBN	author	press	publish	abstract	price	book_id
0	鹤老师说经济：揭开财富自由的底层逻辑（专享寄语印签+房产避坑手册）	NaN	开本：32开	9787559655912	鹤老师	北京联合出版有限公司	2021年10月	\n\t\t真正拉开财富差距的，不是加班熬夜，而是做对选择。千万用户信赖的财经IP：鹤老...	46.8	11210000
1	通向管理自由之路（从1到100的管理实践。为企业和管理者双重把脉，提炼长期赢利企业管理精髓，...	NaN	开本：32开	9787510473371	陈鑫	新世界出版社	2021年10月	\n\t\t22年超过500家企业因此受益，行业大咖诚意推荐，用你能懂的管理模型与...	53.7	11210001
2	设计你的工作和人生：斯坦福大学备受欢迎的"人生设计课"彭凯平 古典 老喻荐读	NaN	开本：32开	9787521733662	[美]比尔·博内特 [美]戴夫·伊万斯	中信出版社	2020年10月	\n\t\t斯坦福大学备受欢迎的"人生设计课"设计思维，解决所有工作难题。彭凯平·古...	44.2	11210002
3	商人御法：法家领导智慧：全二册	NaN	开本：16开	9787517844709	曲龙	浙江工商大学出版社	2021年07月	\n\t\t解读法家原典，追寻现代企业精神之源，揭秘中国式管理思想之滥觞，循天道、守事道...	113.7	11210003
4	企业资本运营常见问题清单：一本企业资本运营管理人员即查即用的手边书	NaN	开本：16开	9787502852375	陈竹妹	地震出版社	2021年08月	\n\t\t企业资本运营管理者的工具，深度剖析企业资本运营6大模块的90多个常见问题，读...	51.4	11210004

图 7 - 2　原始图书数据

从上述数据中我们可以看出原始书籍数据具有以下缺陷：

（1）书籍标题含有 SEO 冗余内容。

（2）未获取到版本信息。

（3）开本信息冗余。

（4）存在获取不到书籍摘要的书籍（见完整数据集）。

（5）书籍表的列排序需要重新调整。

数据清洗（Data Cleaning）是对数据进行重新审查和校验的过程，目的在于删除重复信息、纠正存在的错误，并提供数据一致性。数据清洗从名字上也看得出就是把"脏"的"洗掉"，是发现并纠正数据文件中可识别的错误的最后一道程序，包括检查数据一致性、处理无效值和缺失值等。

因此，将针对上述问题，对书籍数据进行清洗整理：

（1）清除书籍标题 SEO 冗余内容：观察数据格式可发现，书籍标题的冗余内容均由括号标注，因此可以使用正则表达式查找书籍标题包含括号的字符串，把其删除即可完成。

（2）未获取到版本信息：书籍的版本信息存在于书籍的标题中，若未标注版本信息则可以标注为默认第一版，若有标注版本信息则可以使用正则表达式获取版本信息。

（3）开本信息冗余：使用字符串截取后半段关键信息。

（4）存在获取不到书籍摘要的书籍：对于信息不全的书籍采取清除数据的操作。

【例 7 - 3】网上书店数据清洗示例。数据清洗代码如下：

```
1.   # 读入 csv 文件
2.   import pandas as pd
3.   df = pd.read_csv(r'book_data.csv')
4.   # 版本信息
5.   pattern = re.compile('第.版')
6.   df['edition'] = ['第 1 版' if re.findall(pattern,i)==[] else
     re.findall(pattern,i)[0] for i in df['book_name']]
7.   # 截取开本信息
8.   df.iloc[:,2] = [i[4:] for i in df.iloc[:,2]]
9.   # 重新排列书籍表的列
10.  df =
     df[['book_id','book_name','author','ISBN','edition','size','ISBN',
     'press','publish','price','abstract']]
11.  # 删除书籍名称冗余信息
12.  pattern = re.compile(r'[（](.*?)[）]')
13.  df['book_name'] = [re.sub(pattern,"",i) for i in df['book_name']]
14.  # 删除未获取到摘要的书籍信息
15.  df['abstract'] = [i[4:-1] for i in df['abstract']]
16.  df = df.drop(df[df['abstract'] == ''].index)
17.  # 获取类别 id（为书籍 id 的前三位）
18.  df['category_id'] = [str(i)[:3] for i in df['book_id']]
19.  # 重置索引
20.  df = df.reset_index(drop=True)
```

清洗后的图书数据如图 7 – 3 所示。

	book_id	book_name	author	ISBN	edition	size	ISBN	press	publish	price	abstract	category_id
0	11210000	鹤老师说经济：揭开财富自由的底层逻辑	鹤老师	9787559655912	第1版	32开	9787559655912	北京联合出版有限公司	2021年10月	46.8	真正拉开财富差距的，不是加班熬夜，而是做对选择。千万用户信赖的财经IP：鹤老师说经济，手把手...	112
1	11210001	通向管理自由之路	陈鑫	9787510473371	第1版	32开	9787510473371	新世界出版社	2021年10月	53.7	22年超过500家企业因此受益，行业大咖诚意推荐，用你能懂能学会的管理模型与营销方案，纠正企...	112
2	11210002	设计你的工作和人生：斯坦福大学备受欢迎的人生设计课·彭凯平 古典 荐读	[美]比尔·博内特 [美]戴夫·伊万斯	9787521733662	第1版	32开	9787521733662	中信出版社	2020年10月	44.2	斯坦福大学备受欢迎的"人生设计课"设计思维，解决所有工作难题。彭凯平×古典×老喻 郑重荐读...	112
3	11210003	商人御法：法家领导智慧：全二册	曲龙	9787517844709	第1版	16开	9787517844709	浙江工商大学出版社	2021年07月	113.7	解读法家原典，追寻现代企业精神之源，揭秘中国式管理思想之温蕴，循天道、守事道、尚法道的企业家...	112
4	11210004	企业资本运营常见问题清单：一本企业资本运营管理人员即查即用的手边书	陈竹妹	9787502852375	第1版	16开	9787502852375	地震出版社	2021年08月	51.4	企业资本运营管理者的工具，深度剖析企业资本运营6大模块的90多个常见问题，读懂这一本，企业资...	112

图 7 – 3   清洗后的图书数据

7.2.2   数值分析库 NumPy 及其应用

NumPy 是使用 Python 进行科学计算的基础软件包，具有 Matlab 和 R 语言的大量数值运算功能。提供多维数组对象、各种派生对象（如掩码数组和矩阵），以及用于数组快速操作的各种 API，包括数学、逻辑、形状操作、排序、选择、输入输出、离散傅里叶变换、基本线性代数、基本统计运算和随机模拟等。

1. ndarray 对象

NumPy 包的核心是 ndarray 对象。它封装了 Python 原生的同数据类型的 n 维数组，为了保证其性能优良，其中有许多操作都是代码在本地进行编译后执行的。ndarray 对象常见属性见表 7 – 1。

NumPy 数组具有以下几个特点：

（1）NumPy 数组在创建时具有固定的大小，更改 ndarray 的大小将创建一个新数组并删除原来的数组。

（2）NumPy 数组中的元素需要具有相同的数据类型，因此在内存中它们的大小相同。

（3）NumPy 数组有助于对大量数据进行高级数学和其他类型的操作，通常这些操作的执行效率要高于 Python 的原生数组。

（4）NumPy 完全支持面向对象的方法。ndarray 是一个类，拥有许多方法和属性。这些方法都集中由最外层的 NumPy 命名空间中的函数来表达，所以使用者们可以按需取用，便捷编码。

（5）NumPy 的广播特性（Broadcasting）允许通用功能以有意义的方式处理略有不同形状的输入。

表 7 – 1　ndarray **对象常见属性**

属性	说明
ndarray. ndim	秩，即轴的数量或维度的数量
ndarray. shape	数组的维度，获得矩阵的 n 行 m 列
ndarray. size	数组元素的总个数，相当于 . shape 中 $n \times m$ 的值
ndarray. dtype	ndarray 对象的元素类型
ndarray. itemsize	ndarray 对象中每个元素的大小，以字节为单位

2. 数组基础

NumPy 数组的维数称为秩（Rank），秩就是轴的数量，即数组的维度，一维数组的秩为 1，二维数组的秩为 2，以此类推。在 NumPy 中，每一个线性的数组称为一个轴（Axis），也就是维度（Dimensions）。创建一个 ndarray 只需调用 NumPy 的 array 函数即可。

【例 7 – 4】创建一个数组，返回其维度。

```
1.  import numpy as np
2.  a = np.array([1,2,3,4])
3.  print (a.ndim)              # 返回 1，即 a 只有一个维度
```

与 Python 其他容器对象一样，array 数组的内容也可以被索引、切片或者修改。但与传统的容器类型不同的是，NumPy 提供了 reshape 函数来调整数组的维度，使得一个数组的形状发生了改变。

【例 7 −5】重新定义一个数组的形状，如图 7 −4 所示。

```
1.   import numpy as np
2.   a = np.array([[1,2,3],[4,5,6]])
3.   b = a.reshape(3,2)
4.   print(a)
5.   print(b)
```

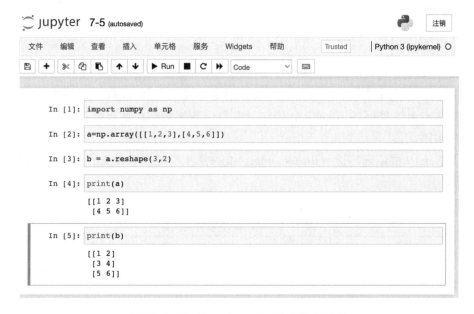

图 7 −4 NumPy reshape 重新定义数组形状

与 Python 中 list 一样，ndarray 对象的内容可以通过索引或切片来访问和修改。ndarray 数组可以基于 0 ~ n 的下标进行索引，切片对象可以通过内置的 slice 函数的 start、stop 和 step 参数来进行，并从原数组中切割出一个新数组。

【例 7 −6】数组索引和切片，如图 7 −5 所示。

```
1.   import numpy as np
2.   a = np.arange(0,10)
3.   print (a)
4.   b = slice(0,5,1)
5.   print(a[b])
```

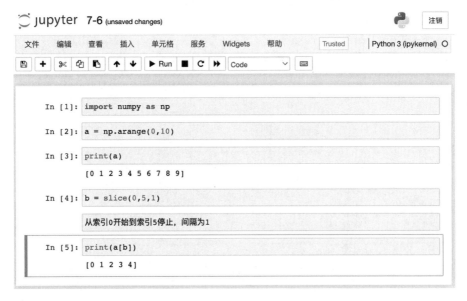

图 7 – 5　NumPy 运用 slice 函数对数组切片

在 NumPy 中还支持一种对不同形状（Shape）的两个数组进行数值计算的方法，与一般相同形状（维数相同）的数组进行对应位置元素的算术运算不同，不同形状的数量之间进行算术运算时，NumPy 会自动触发一种名为"广播"（Broadcast）的机制，将两个数组补齐至相同形状再进行运算。规则如下：

（1）让所有输入数组都向其中形状最长的数组看齐，形状中不足的部分都通过在前面加 1 补齐。

（2）输出数组的形状是输入数组形状各个维度上的最大值。

（3）如果输入数组的某个维度和输出数组的对应维度的长度相同或者其长度为 1 时，这个数组能够用来计算，否则出错。

（4）当输入数组某个维度的长度为 1 时，沿着此维度运算时都用此维度的第一组值。

【例 7 – 7】两组不同形状的数组进行算术运算，如图 7 – 6 所示。

```
1.  import numpy as np
2.  a = np.array([[0, 0, 0], [10,10,10], [20,20,20], [30,30,30]])
3.  b = np.array([1,2,3])
4.  print(a + b)
```

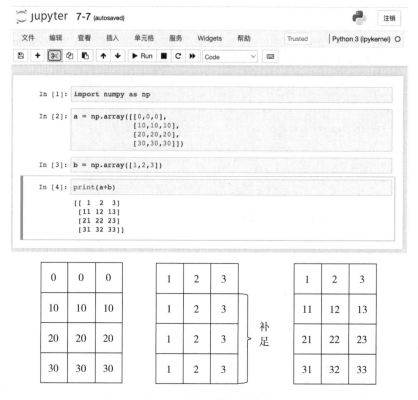

图 7 - 6　NumPy 运用广播机制进行算术运算

3. 函数运算

NumPy 有众多支持科学计算等需求的函数，包括字符串函数、数学函数、算术函数、统计函数等。其中较为常用的是算术函数及统计函数，本节以这两种函数为例作简单介绍。

（1）算术函数。

①NumPy 数组可以进行简单的加减乘除，算数函数 add( )，subtract( )，multiply( )，divide( )的作用相同。

②某些操作，如 += 和 *= 会直接更改被操作的矩阵数组而不会创建新矩阵数组。

③当使用不同类型的数组进行操作时，结果数组的类型对应于更一般或更精确的数组（称为向上转换的行为）。

④数组相乘有两种方式，multiply( ) 是常见的乘法，而 np. dot( ) 特指矩阵相乘。

【例 7 - 8】NumPy 数组简单算术函数，如图 7 - 7 所示。

```
1.   import numpy as np
2.   a = np.arange(0,9).reshape(3,3)
3.   print ('数组 a：')
4.   print (a)
5.   print ('数组 b：')
6.   b = np.array([10,10,10])
7.   print (b)
8.   #两数组相加
9.   print ('两个数组相加：')
10.  print (np.add(a,b))
11.  #两数组相减
12.  print ('两个数组相减：')
13.  print (np.subtract(a,b))
14.  #两数组相乘
15.  print ('两个数组相乘：')
16.  print (np.multiply(a,b))
17.  #两数组相除
18.  print ('两个数组相除：')
19.  print (np.divide(a,b))
```

```
In [1]:  import numpy as np

In [15]: a = np.arange(0,9).reshape(3,3)
         print('数组a: ')
         print(a)
         print('数组b: ')
         b = np.array([10,10,10])
         print(b)

         数组a:
         [[0 1 2]
          [3 4 5]
          [6 7 8]]
         数组b:
         [10 10 10]

In [5]:  print('两个数组相加: ')
         print(np.add(a,b))

         两个数组相加:
         [[10 11 12]
          [13 14 15]
          [16 17 18]]

In [6]:  print('两个数组相减: ')
         print(np.subtract(a,b))

         两个数组相减:
         [[-10  -9  -8]
          [ -7  -6  -5]
          [ -4  -3  -2]]

In [10]: print('两个数组相乘: ')
         print(np.multiply(a,b))

         两个数组相乘:
         [[ 0 10 20]
          [30 40 50]
          [60 70 80]]

In [11]: print('两个数组相除: ')
         print(np.divide(a,b))

         两个数组相除:
         [[0.  0.1 0.2]
          [0.3 0.4 0.5]
          [0.6 0.7 0.8]]
```

图 7 - 7　NumPy 运用算术函数进行算术运算

（2）统计函数。NumPy 提供了很多统计函数，用于从数组中查找最小元素、最大元素、百分位标准差和方差等。常见统计函数见表 7 - 2。

表 7 - 2 　 NumPy 常见统计函数

函数	功能
numpy. amin( )	计算数组中的元素沿指定轴的最小值
numpy. amax( )	计算数组中的元素沿指定轴的最大值
numpy. ptp( )	计算数组中元素最大值与最小值的差（最大值 - 最小值）
numpy. median( )	计算数组中元素的中位数（中值）
numpy. mean( )	返回数组中元素的算术平均值，如果提供了轴，则沿其计算

【例 7 - 9】NumPy 数组简单统计函数，如图 7 - 8 所示。

```
1.  import numpy as np
2.  a = np.array([[1,2,3],[4,5,6],[7,8,9]])
3.  print (a)
4.  print ('计算数组中的元素沿指定轴的最小值：')
5.  print (np.amin(a,0))
6.  print ('计算数组中的元素沿指定轴的最大值')
7.  print (np.amax(a,0))
```

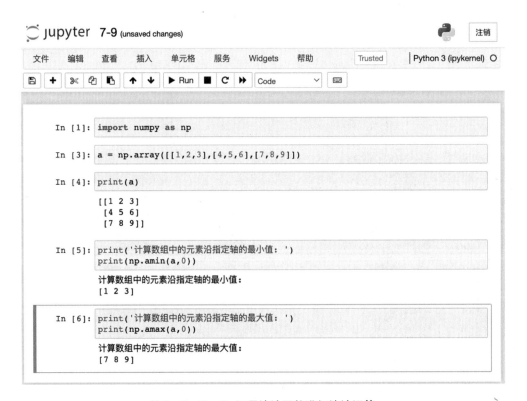

图 7 - 8 　 NumPy 运用统计函数进行统计运算

7.2.3　数据分析库 Pandas 及其应用

Pandas 是基于 NumPy 库开发的 Python 核心数据分析支持库，提供了快速、灵活、明确的数据结构，旨在简单、直观地处理关系型、标记型数据，可以与大量的第三方科学计算支持库完美集成。

1. Pandas 的特点

①处理浮点与非浮点数据里的缺失数据，表示为 NaN。

②自动、显式数据对齐：显式地将对象与一组标签对齐，也可以忽略标签，在 Series、DataFrame 计算时自动与数据对齐。

③灵活的分组功能：拆分—应用—组合数据集；聚合、转换数据。

④轴支持结构化标签：一个刻度支持多个标签。

⑤成熟的 IO 工具：读取文本文件（CSV 等支持分隔符的文件）、Excel 文件、数据库等来源的数据，利用超快的 HDF5 格式保存/加载数据。

⑥时间序列：支持日期范围生成、频率转换、移动窗口统计、移动窗口线性回归、日期位移等时间序列功能。

2. 数据结构基础

Pandas 的两种主要数据结构是 Series（一维数据）和 DataFrame（二维数据），这两种数据结构可以满足大多数常见领域的数据处理需求，如金融、统计、社会科学等。表 7-3 为 Pandas 数据结构。

表 7-3　Pandas 数据结构

名称	描述
Series	带标签的一维同构数组
DataFrame	带标签的、大小可变的二维异构表格

Pandas 数据结构就像是低维数据的容器。比如，DataFrame 是 Series 的容器，Series 则是标量的容器。使用这种方式，可以在容器中以字典的形式插入或删除对象。Pandas 所有数据结构的值都是可变的，但数据结构的大小并非都是可变的，比如，Series 的长度不可改变，但 DataFrame 里就可以插入列。

Pandas 里，绝大多数方法都不改变原始的输入数据，仅复制数据生成新的对象。一般来说，原始输入数据不变更稳妥。使用 Pandas Series 类似表格中的一个列（Column），可以保存任何数据类型。Series 由索引（Index）和列组成，函数如下：

pandas. Series(data, index, dtype, name, copy)

其中，data 表示一组数据；index 表示数据索引的标签，默认从 0 开始；dtype 表示数据类型，默认自动判断；name 表示设置名称；copy 表示拷贝数据，默认为 False。

【例 7 - 10】使用 Series 函数创建实例，如图 7 - 9 所示。

```
1.   import pandas as pd
2.   a=[1,2,3]
3.   first_series = pd.Series(a)
4.   print(first_series)
```

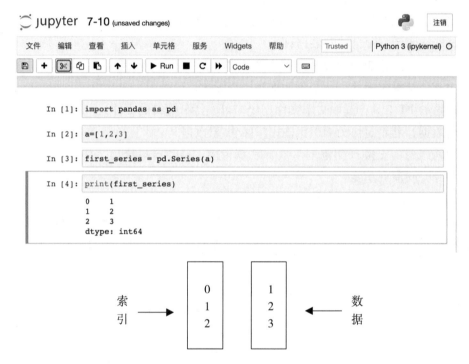

图 7 - 9　Pandas Series 函数创建实例

【例 7 - 11】Series 实例按索引读取数据，如图 7 - 10 所示。

```
1.   import pandas as pd
2.   a = ["第八章", "数据分析", "商务应用"]
3.   two_series = pd.Series(a, index = [1,2,3])
4.   print(two_series)
5.   print(two_series[2])
```

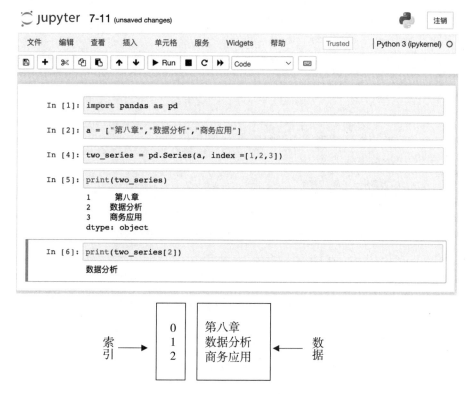

图 7 – 10　Pandas Series 实例按索引读取数据

Pandas 的另一个重要数据结构是 DataFrame，它含有一组有序的列，每列可以是不同的值类型（数值、字符串、布尔型值）。DataFrame 既有行索引也有列索引，它可以看作由 Series 组成的字典（共用一个索引），函数如下：

pandas. DataFrame(data, index, columns, dtype, copy)

其中，data 表示一组数据；index 表示索引值（行标签）；columns 表示列标签，默认 RangeIndex(0，1，2，…，n)；dtype 表示数据类型；copy 表示拷贝数据，默认为 False。

【例 7 – 12】使用 DateFrame 函数创建实例，如图 7 – 11 所示。
```
1.   import pandas as pd
2.   data = [['数据分析及 Excel 应用','王斌会'],['数据库原理及应用','杨雁莹'],
     ['群体智能与大数据分析技术','陶乾']]
3.   book_info = pd.DataFrame(data,columns=['书名','作者'])
4.   print(book_info)
```

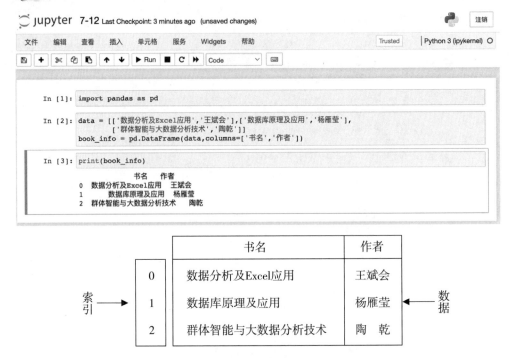

图 7-11 Pandas DateFrame 函数创建实例

Pandas 还可以很方便地处理 CSV 文件（Comma-Separated Values，逗号分隔值，有时也称为字符分隔值，因为分隔字符也可以不是逗号），CSV 是一种通用的、相对简单的文件格式，应用广泛。其文件以纯文本形式存储表格数据（数字和文本）。Pandas 内置了许多函数，可对该类型文件进行相关处理，常用函数见表 7-4。

表 7-4 CSV 文件处理常用函数

名称	描述
to_string( )	返回 DataFrame 类型的数据，如果不使用该函数，则输出结果为数据的前面 5 行和末尾 5 行，中间部分以…代替
to_csv( )	将 DataFrame 存储为 CSV 文件
head(n)	读取前面的 n 行，如果不填参数 n，默认返回 5 行
tail(n)	读取尾部的 n 行，如果不填参数 n，默认返回 5 行，空行各个字段的值返回 NaN

【例 7-13】从数据库中读取部分书籍信息保存为 book_info. csv 文件，再用 Pandas 处理，如图 7-12 所示。

```
1.   import pandas as pd
2.   data= pd.read_csv('book_info.csv')
3.   print(data.to_string())
```

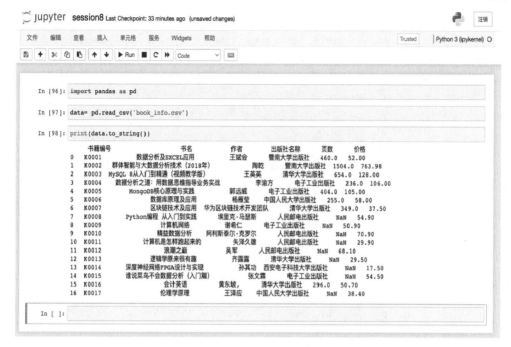

图 7 - 12　Pandas 读取 CSV 文件

除了处理 CSV 以外，Pandas 还可以对 JSON 文件进行操作。JSON 比 XML 容量更小、运行更快。使用内置 Pandas 函数可同样操作 JSON 文件。

【例 7 - 14】从数据库中读取部分书籍信息保存为 book_info. json 文件，再用 Pandas 处理，如图 7 - 13 所示。

```
1.   import pandas as pd
2.   data= pd.read_json('book_info.json)
3.   print(data.to_string())
4.   #json 文件格式示例：
5.   [
6.       {
7.           "书名": "数据分析及 EXCEL 应用",
8.           "作者": "王斌会",
9.           "价格": 52
10.      }
11.  ]
```

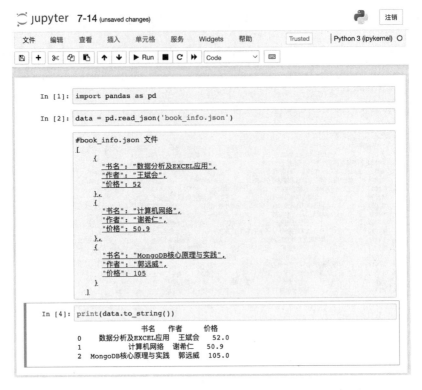

图 7 – 13　Pandas 读取 JSON 文件

Pandas 的一个重要用途是数据清洗，数据清洗是对一些没有用的数据进行处理的过程。很多数据集存在数据缺失、数据格式错误、数据错误或数据重复的情况，如果要使数据分析更加准确，就需要对这些没有用的数据进行处理，常用数据清洗函数见表 7 – 5。

表 7 – 5　Pandas 常用数据清洗函数

名称	描述
dropna( )	删除包含空字段的行，返回一个新的 DataFrame，不会修改源数据
isnull( )	判断各个单元格是否为空
duplicated( )	判断数据是否重复，如果对应的数据是重复的，duplicated( ) 会返回 True，否则返回 False
drop_duplicates( )	删除重复数据

dropna( ) 函数是常用的清洗空值的方法，经常与 isnull( ) 函数搭配使用，后者先判断是否为空，前者再进行清洗操作。函数格式如下：

DataFrame. dropna（axis = 0，how = 'any'，thresh = None，subset = None，inplace = False）

其中，axis 表示逢空值剔除整行，如果设置参数 axis = 1，表示逢空值去掉整列。how 表示默认为 'any'，如果一行（或一列）里任何一个数据出现 NA 就去掉整行，如果设置 how = 'all'，当一行（或一列）都是 NA 时才去掉这整行。thresh 表示需要设置多少非空值 的数据才可以保留下来。subset 表示设置想要检查的列。如果是多个列，可以使用列名 的 list 作为参数。inplace 如果设置为 True，表示将计算得到的值直接覆盖之前的值并返 回 None，这将直接修改源数据。

【例 7 - 15】从数据库中读取到的部分书籍信息 book_info. csv 有一些数据是为空的， 我们可以对数值为空的数据进行删除操作，如图 7 - 14 所示。

```
1.  import pandas as pd
2.  # 第三个日期格式错误
3.  data = { "出版日期": ['2019/12/01', '2021/12/02','20201226','2022-01-02'],"
    印刷数量": [500, 300, 450,100]}
4.  publish_info = pd.DataFrame(data, index = [1,2,3,4])
5.  publish_info['出版日期'] = pd.to_datetime(publish_info['出版日期'])
6.  print(publish_info.to_string())
```

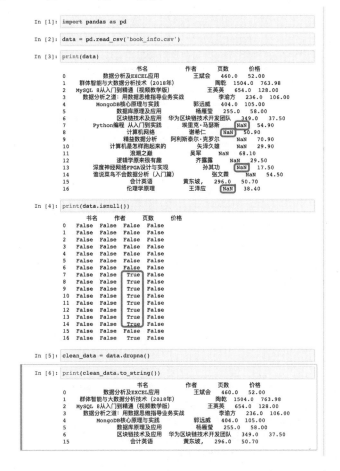

图 7 - 14　Pandas 数据清洗—删除空值数据

收集到的数据格式是错误的情况也屡见不鲜，数据格式错误的单元格会使数据分析变得困难，甚至让分析工作陷入困境。遇到这种格式错误的情况，可以通过包含空单元格的行或者将列中的所有单元格转换为相同格式的数据。

【例 7 – 16】使用 fillna( ) 方法来转换 book_info.csv 中的错误日期格式，如图 7 – 15 所示。

```
1.    import pandas as pd
2.    # 第三个日期格式错误
3.    data = { "出版日期": ['2019/12/01', '2021/12/02','20201226','2022-01-02'],"
      印刷数量": [500, 300, 450,100]}
4.    publish_info = pd.DataFrame(data, index = [1,2,3,4])
5.    publish_info['出版日期'] = pd.to_datetime(publish_info['出版日期'])
6.    print(publish_info.to_string())
```

图 7 – 15   Pandas 数据清洗—修改格式错误

不仅是格式错误，数据错误也是十分常见的情况，可以对错误的数据项进行替换或者是删除。

【例 7 – 17】使用 fillna( ) 方法来转换 book_info.csv 中的错误数据，如图 7 – 16 所示。

```
1.    import pandas as pd
2.    price = { "书名": ['数据分析及 Excel 应用', '数据库原理及应用' , '浪潮之巅'],
      "售价": [52, 48, 9999]    # 9999 售价数据是错误的}
3.    book_price = pd.DataFrame(price)
4.    book_price.loc[2, '售价'] = 30 # 修改数据
5.    print(book_price.to_string())
```

图 7 – 16　Pandas 数据清洗—替换错误数据

7.3　数据可视化与应用

7.3.1　可视化库 Matplotlib

Matplotlib 是一个 Python 的绘图库，可以用来绘制各种静态、动态、交互式的图表，如线图、散点图、等高线图、条形图、柱状图、3D 图形等。能让使用者很轻松地将数据图形化，并且提供多样化的输出格式。我们可以使用该工具分析数据，之后的结果能以各种图表的形式直观呈现。

Matplotlib 通过 Pyplot 模板提供了一套和 Matlab 类似的绘图 API，将众多绘图对象所构成的复杂结构隐藏在这套 API 内部，只需要调用 Pyplot 模块提供的函数就可以实现快速绘图以及设置图表的各种细节。

【例 7 – 18】导入 Pyplot 库，绘制图形。如图 7 – 17 所示。

```
1.  import matplotlib.pyplot as plt
2.  plt.plot([3,4,5])
3.  plt.ylabel('numbers')
4.  plt.show()
```

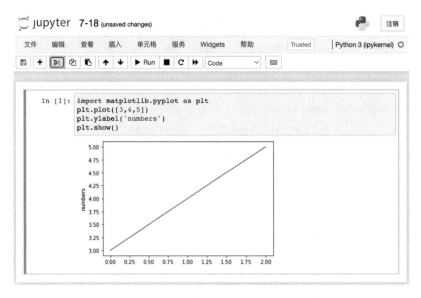

图 7 – 17　Matplotlib 绘制直线图

matplotlib. pyplot 是一个命令型函数集合，它可以让人们像使用 Matlab 一样使用 Matplotlib。Pyplot 中的每个函数都可以让画布图像做出相应的改变，它提供了用于读取和显示的函数、绘制基础图表的函数、区域填充函数、坐标轴设置函数以及标签与文本设置函数。常用函数见表 7 – 6。

表 7 – 6　Pyplot 常用函数

读取和显示函数	
函数	功能
plt. legend( )	在绘制区域放置绘图标签
plt. show( )	显示绘制的图像
plt. matshow( )	在窗口显示数组矩阵
plt. imshow( )	在 axes 上显示图像
plt. imsave( )	保存数组为图像文件
plt. savefig( )	设置图像保存的格式
plt. imread( )	从图像文件中读取数组
基础图表函数	
函数	功能
plt. plot $(x, y,$ label, color, width)	根据 x, y 数组绘制直、曲线
plt. boxplot(data, notch, position)	绘制一个箱形图
plt. bar(left, height, witch, bottom)	绘制一个条形图
plt. barh(bottom, width, height, left)	绘制一个横向条形图
plt. polar(theta, r)	绘制极坐标图

（续上表）

基础图表函数	
函数	功能
plt. plot (x, y, label, color, width)	根据 x, y 数组绘制直、曲线
plt. pie(data, explode)	绘制饼图
plt. psd(x, NFFT = 256, pad_to, Fs)	绘制功谱密度图
plt. specgram(x, NFFT = 256, pad_to, Fs)	绘制谱图
plt. cohere(x, y, NFFT = 256, Fs)	绘制 $x-y$ 的相关性函数
plt. scatter( )	绘制散点图
plt. step(x, y, where)	绘制步阶图
plt. hist(x, bins, normed)	绘制直方图
plt. contour(X, Y, Z, N)	绘制等线图
plt. clines( )	绘制垂直线
plt. stem(x, y, linefmt, markerfmt, basefmt)	绘制曲线每个点到水平轴线的垂线
plt. plot_date( )	绘制日期数据
plt. plotfile( )	绘制数据后写入文件

坐标轴设置函数	
函数	功能
plt. axis( )	获取设置轴属性的快捷方式
plt. xlim( )	设置 x 轴取值范围
plt. ylim( )	设置 y 轴取值范围
plt. xscale( )	设置 x 轴缩放
plt. yscale( )	设置 y 轴缩放
plt. autoscale( )	自动缩放轴视图
plt. text( )	为 axes 图添加注释
plt. thetagrids( )	设置极坐标网络
plt. grid( )	打开或关闭极坐标

标签与文本设置函数	
函数	功能
plt. figlegend( )	为全局绘图区域放置图注
plt. xlabel( )	设置当前 x 轴的文字
plt. ylabel( )	设置当前 y 轴的文字
plt. xticks( )	设置当前 x 轴刻度位置的文字和值
plt. yticks( )	设置当前 y 轴刻度位置的文字和值
plt. clabel( )	设置等高线数据
plt. get_figlabels( )	返回当前绘图区域的标签列表
plt. figtext( )	为全局绘图区域添加文本信息
plt. title( )	设置标题
plt. suptitle( )	设置总图标题
plt. annotate( )	为文本添加注释

7.3.2 可视化绘图

数据可视化旨在借助图形化手段,清晰有效地传达信息。为了有效地传达思想概念,美学形式与功能需要齐头并进,通过直观地传达关键数据的特征,实现对于相当稀疏而又复杂的数据集的深入洞察。本节将重点展示用 Matplotlib 绘制的几种常见图表。

(1)绘制线性图形。线性图形是最基本和最常见的绘图需求。值得注意的是,当标题或者坐标轴为中文时,需要导入相关的字体文件。

【例 7-19】绘制线性图形,如图 7-18 所示。

```
1.   import numpy as np
2.   from matplotlib import pyplot as plt
3.   import matplotlib
4.   zhfont1 = matplotlib.font_manager.FontProperties(fname="SourceHanSansSC-Bold.otf")
5.   x = np.arange(1,11)
6.   y = 2 * x + 5
7.   plt.title("数据分析 - 商务应用", fontproperties=zhfont1)
8.   # fontproperties 设置中文显示,fontsize 设置字体大小
9.   plt.xlabel("x 轴", fontproperties=zhfont1)
10.  plt.ylabel("y 轴", fontproperties=zhfont1)
11.  plt.plot(x,y)
12.  plt.show()
```

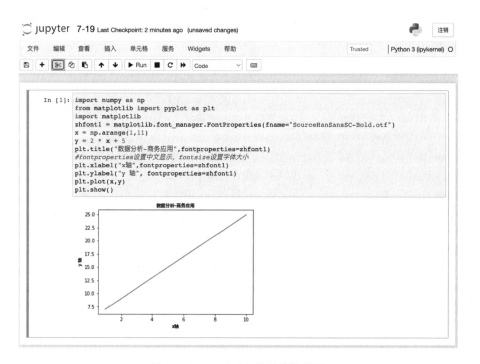

图 7-18　Matplotlib 绘制线性图形

（2）绘制柱状图形。柱状图也称为条形图，是一种以长方形的长度为变量的、表达图形的统计报告图，其由一系列高度不等的纵向条纹表示数据的分布的情况，用来比较两个或者两个以上的数值。

【例 7 – 20】绘制柱状图形，如图 7 – 19 所示。

```
1.   import numpy as np
2.   from matplotlib import pyplot as plt
3.   import matplotlib
4.   zhfont1 = matplotlib.font_manager.FontProperties(fname="SourceHanSans
     SC-Bold.otf")
5.   # fontproperties 设置中文显示，fontsize 设置字体大小
6.   plt.title("图书销量对比", fontproperties=zhfont1)
7.   plt.xlabel("印刷数量", fontproperties=zhfont1)
8.   plt.ylabel("日期", fontproperties=zhfont1)
9.   x = np.array(["Book1", "Book2", "Book3"])
10.  y = np.array([12, 22, 6])
11.  plt.bar(x,y)
12.  plt.show()
```

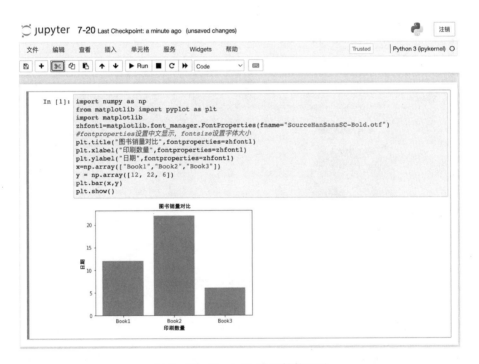

图 7 – 19　Matplotlib 绘制柱状图形

（3）绘制饼图。饼图用于表示不同分类的占比情况，通过弧度大小来对比各种分类。饼图通过将一个圆饼按照分类的占比划分成多个区块，整个圆饼代表数据的总量，每个区块（圆弧）表示该分类占总体的比例大小。

【例 7 – 21】绘制饼图, 如图 7 – 20 所示。

```
1.  import matplotlib.pyplot as plt
2.  import numpy as np
3.  zhfont1 = matplotlib.font_manager.FontProperties(fname="SourceHanSansSC-Bold.otf",size=15)
4.  y = np.array([35, 25, 25, 15])
5.  plt.pie(y,
6.          labels=['A','B','C','D'], # 设置饼图标签
7.          colors=["#d5695d", "#5d8ca8", "#65a479", "#a564c9"], # 设置饼图颜色
8.          explode=(0, 0.2, 0, 0), # 第二部分突出显示, 值越大, 距离中心越远
9.          autopct='%.2f%%', # 格式化输出百分比
10.         )
11. plt.title("图书销售总量饼图",fontproperties=zhfont1)
12. plt.show()
```

图 7 – 20　Matplotlib 绘制饼图

7.3.3　可视化分析

对从网上书城数据库中所售卖的图书信息数据使用 Jupyter notebook 编辑代码, 应用 Pandas、NumPy、matplotlib. pyplot 等 Python 包进行数据清洗、整理、分析, 其后将特定数据进行可视化, 针对得出的数据特征进行分析, 可指导网上书店后续的业务发展。

【例 7 – 22】统计各个子分类的图书数量，并画图饼，如图 7 – 21 所示。

```
1.   import matplotlib.pyplot as plt
2.   plt.rcParams['font.sans-serif'] = ['SimHei']
3.   category_name={'经济学','心理学','管理学', '历史','科普','建筑','医学','计算机'}
4.   category = set(df['category_id'])
5.   category_num = []   # 此处也可以直接使用 groupby 函数
6.   for i in category:
7.   category_num.append(len(df[df.category_id == i]))
8.   category = [str(i) for i in category]
9.   plt.figure(figsize=(6,9))
10.  plt.pie(category_num,labels = category_name)
11.  plt.axis('equal')
12.  plt.show()
```

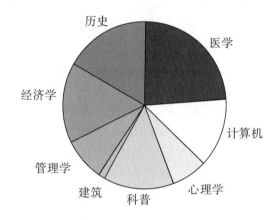

图 7 – 21   图书数量饼图

由上述书籍类别的统计数据可以看出，所收集到的书籍中，医学类、历史类、经济学类数量最多，科普类、计算机类、管理学类及心理学类次之，最少的为建筑类。为适应市场需求、丰富书城的图书种类，可适当增添建筑类、管理类及心理学类的相关图书。

【例 7 – 23】统计每个子分类图书的平均价格，并画柱状图，如图 7 – 22 所示。

```
1.   mean_price = df['price'].groupby(df['category_id']).mean()
2.   plt.bar(category_name, mean_price)
```

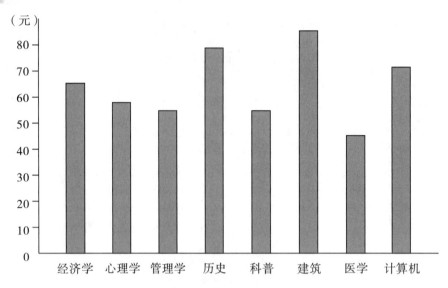

图7-22 每个子分类图书平均价格柱状图

由以上柱状图可知，不同类别的书籍价格大多分布在50~80元，其中医学类的书籍平均价格较低，而建筑类的书籍平均价格较高。

【例7-24】根据历史订单信息，统计历年图书订单的数量并绘制折线图，如图7-23所示。

```
1.  # 通过下单时间获取订单年份
2.  df['订单年份'] = df['下单时间'].str.slice(0,4)
3.  order_numbers = df['购买数量'].groupby(df['订单年份']).sum()
4.  plt.plot(order_numbers,'go-')
```

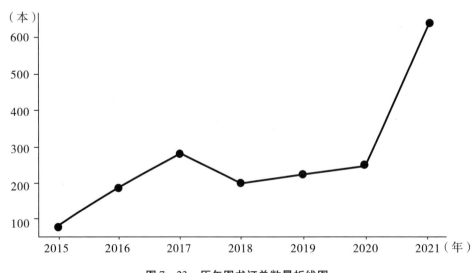

图7-23 历年图书订单数量折线图

由上图可知，从 2015 年至 2021 年，书籍的订单数量总体呈上升趋势，但在 2017 年遭遇下降，在 2021 年达到订单数量的最大值。侧面反映网上书城的业务在 2017 年时遇到挫折，但经过调整后开始稳步发展，并在 2020 年时获得快速发展。

第8章 数据库管理

为了保证数据库数据的安全可靠性和正确有效性，DBMS 必须提供统一的数据保护功能。数据保护也称为数据控制，主要包括数据库的安全性、完整性、并发控制和恢复。本章主要讨论数据库的网络安全、并发控制和恢复技术等内容。

8.1 数据库网络安全

8.1.1 数据库的网络安全隐患

1. 数据库在网络上的安全问题

数据库的安全性（Database Security）是指数据库为保护数据而具备的防御能力。它能防止泄露、修改未经授权的数据或有意与无意地破坏数据。目前，网络数据库面临着两大类安全问题：一类是数据库的数据安全问题；另一类是非法攻击安全问题。

数据库的数据安全问题是指当数据库系统遇到用户误操作、单站点故障、网络故障等故障时，应确保系统仍能可靠运行或从故障中恢复，使数据库的数据信息不至于丢失。非法攻击安全问题是指在系统被黑客攻击或遭非法用户入侵时，应能保证数据库库存数据和通信报文的保密性与可靠性。这两大类安全问题都有可能导致网络数据库系统不能正常运转，造成大量数据丢失，甚至使数据库系统崩溃。

为了保证数据库中数据的安全性和可靠性，网络数据库管理系统必须提供统一的数据保护功能，设法防止网络数据库系统遭到各种破坏，同时还要考虑在遭到破坏的情况下如何尽快地恢复系统。

2. 数据库在网络上安全问题的重要性

数据库在网络上的安全之所以重要，主要有以下两个方面的原因：

（1）数据库是电子商务、金融以及 ERP 系统的基础，通常都保存着的商业伙伴和客户的重要信息。一方面，大多数企业、组织以及政府部门的数据库服务器存放着各种敏感的金融数据和数据资产，包括交易记录、商业事务和账号数据，战略方面或者专业方面的信息甚至是市场计划等；另一方面，许多电子交易和电子商务的焦点都放在 Web 服务、Java 和其他技术上，那么对于以关系数据库为基础的客户系统和 B2B 系统，网络数据库的安全就显得更加重要。安全将直接关系到系统可靠性、数据事务完整性和保密性。系统如果出现问题，不仅对交易产生影响，同时也影响着公司的形象。这些系统需要对所有合作伙伴和客户的信息的保密性负责，但是它们同时又是对所有用户（包括入侵者）开放的。因此，安全问题将直接同系统完整性和客户信任密切关联。

（2）少数数据库安全漏洞不仅威胁数据库的安全，也威胁操作系统和其他可信任的系统的安全。有些数据库提供的机制威胁着网络安全底层，即使是在一个非常安全的操作系统上，入侵者也能够通过数据库获得操作系统权限。比如，某公司认为数据库的安全并不重要，其提供的数据库中保存着所有技术文档、手册和白皮书，入侵者只需要执行一些内置在数据库中的扩展储存过程，就可以获得操作系统权限。由于这些储存过程能提供一些执行操作系统命令的接口，入侵者便可访问所有的系统资源，如果这个数据库服务器还同其他服务器建立信任关系，那么，入侵者就能够对整个域内的机器安全造成严重威胁，这也是为什么数据库安全在网络上如此重要的原因之一。

8.1.2 数据库安全控制技术

在数据库系统的运行过程中，数据管理系统要对数据库中的数据进行统一的管理和控制，以保证整个数据库系统的正常运行，防止数据意外丢失或产生不一致的数据。数据库管理系统对数据库的管理和控制主要通过以下几个方面来实现：

1. 数据库权限管理

用户对数据库对象具有的操作权力称为权限，每个用户只能对其权限范围的数据进行操作。用户权限主要通过数据库系统的存取控制机制实现。存取控制机制有三种方法：自主存取控制方法、强制存取控制方法和基于角色的存取控制方法。

（1）自主存取控制方法（Discretionary Access Control，DAC）。自主存取控制方法定义各个用户对不同数据对象的存取权限。当用户访问数据库时，首先检查用户的存取权限，防止不合法用户对数据库的存取。用户权限包括数据对象和操作类型，定义用户的权限就是定义用户可以在哪些数据对象上进行何种操作。目前，大型 DBMS 几乎都支持自主存取控制。

DBMS 的安全性是保证用户对某类数据进行某些操作的权利，因此 DBMS 必须具有以下功能：

①将授权决定告知系统，由 SQL 的 GRANT 和 REVOKE 语句完成。

②将授权结果存入数据字典。

③当用户提出操作请求时，根据授权情况进行检验，以决定是否执行操作请求。

④自主存取权限中，用户可以自由地将数据的存取权限授予他人，也可以授权他人继续向下授权，这样做数据还是容易泄漏。

（2）强制存取控制方法（Mandatory Access Control，MAC）。强制存取控制方法是将每一个数据对象（强制地）标以一定的密级，每一个用户也被（强制地）授予相应密级的许可证，系统规定只有具有某一许可证级别的用户才能存取某一个密级的数据对象。

强制存取控制方法将用户或进程及每个数据对象赋予一定的级别，存取权限不可以转授，所有用户必须遵守由 DBA 建立的安全规则。密级从高到低有绝密级（Top Secret）、机密级（Secret）、秘密级（Confidential）和公开级（Unclassified）。系统运行时遵循两条原则，即"向下读取，向上写入"规则：①用户只能查看密级比自己低的或同等级别的数据；②用户只能修改和自己同级别的数据。

（3）基于角色的存取控制方法（Role-based Access Control，RBAC）。基于角色的存取控制是在用户和权限之间增加了一个中间桥梁——角色。管理员通过为用户指定角色来为用户授权，从而大大简化授权管理，此方法具有强大的可操作性和可管理性。可以根据应用中的不同工作创建角色，然后根据用户的责任和资格分配相应的角色，用户也可以在角色之间进行转换（撤销原有角色，授予新的角色）。随着新应用和新系统的增加，可以给角色分配更多的权限，也可以根据需要撤销相应的权限。

RBAC 核心模型包含了 5 个基本的静态集合，即用户集（Users）、角色集（Roles）、特权集（Permissions），包括对象集（Objects）和操作集（Operators）以及一个在系统运行过程中动态维护的集合——会话集（Sessions），如图 8－1 所示。

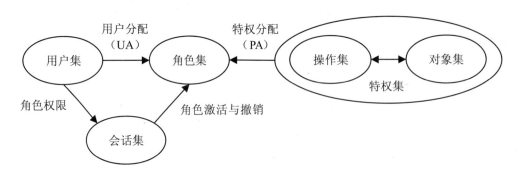

图 8－1　RBAC 核心模型

用户集包括系统中可以执行操作的用户，是主动的实体；对象集是系统中被动的实体，包含系统需要保护的信息；操作集是定义在对象上的一组操作，对象上的一组操作构成了一个特权；角色则是 RBAC 的核心，通过用户分配（UA）和特权分配（PA）使用户与特权关联起来。

RBAC 属于策略中立型的存取控制模型，既可以实现自主存取控制策略，又可以实现强制存取控制策略，被认为是一种普遍适用的访问控制模型，尤其适用于大型组织的访问控制机制。下面介绍角色的创建、授权及回收。

①角色的创建。角色创建的 SQL 语句格式是：

CREATE ROLE ＜角色名＞

【例 8－1】创建角色 R1。
1.　CREATE ROLE R1;

②角色的授权。给创建好的角色授予一定的权限，角色授权的 SQL 语句格式是：
GRANT ＜权限＞［，＜权限＞］...
ON ＜对象类型＞＜对象名＞TO ＜角色＞［，＜角色＞］...

【例 8 – 2】将书籍表 BOOK 的 SELECT、UPDATE、INSERT 权限授予角色 R1。

```
1.  GRANT SELECT,UPDATE,INSERT ON TABLE BOOK TO R1;
```

③将角色授予其他用户或角色。可以将角色授予某个用户或另外一个角色，一个角色所拥有的权限是授予它的全部角色所包含的权限的总和。将角色授权给其他用户或角色的 SQL 语句格式是：

GRANT < 角色 1 > ［，< 角色 2 >］...
TO < 角色 3 > ［，< 用户 1 >］... ［WITH ADMIN OPTION］

这里，WITH ADMIN OPTION 表示获得权限的角色或用户可以把权限再授予其他角色。

【例 8 – 3】将角色 R1 授予用户 U1、U2、U3，使它们拥有对书籍表 BOOK 的 SELECT、UPDATE、INSERT 权限。

```
1.  GRANT R1 TO U1,U2,U3;
```

【例 8 – 4】将书籍表 BOOK 的 DELETE 权限授予角色 R1。

```
1.  GRANT DELETE TO R1;
```

该例增加了 R1 的 DELETE 权限，现在 R1 拥有对 BOOK 表的 SELECT、UPDATE、INSERT 和 DELETE 权限。

④角色权限的回收。用户可以回收角色的权限，角色回收的 SQL 语句格式是：

REVOKE < 权限 > ［，< 权限 >］...
ON < 对象类型 > < 对象名 >FROM < 角色 > ［，< 角色 >］...

【例 8 – 5】撤销角色 R1 对 BOOK 表的 UPDATE 权限。

```
1.  REVOKE UPDATE ON TABLE BOOK FROM R1;
```

2. 视图机制

利用视图可以将同一张表的数据分割在不同的视图中，可以在视图上进一步定义用户权限，通过视图机制把需要保密的数据对无权存取的用户隐藏起来，自动地对数据提供一定程度上的安全保护。

【例 8 – 6】将 User 表中用户号、性别、出生年月、地址、Email、电话、邮编字段的查询权限授予用户 U1，将 User 表中用户号、用户名、密码、姓名的修改权限授予用户 U2。

解：首先为 User 表创建视图，视图中的字段为相应权限操作的字段：

```
1.  CREATE VIEW v_U1 AS select UserID,Sex,Birth,Address,E-mail,Tel,Zipcode;
2.  from User;
3.  CREATE VIEW v_U2 AS select UserID,UserName,Password,TrueName from User;
```

对于刚刚创建的两个视图，分别将相应的视图操作权限授予相应的用户：

```
1.  GRANT select ON v_U1 TO U1;
2.  GRANT update ON v_U2 TO U2;
```

3. 数据库审计

大型的信息系统开发往往选择功能强大的数据库系统作为应用层的数据存储，除了支撑业务系统的正常运行外，还要求数据库系统有较高的可靠性、保密性、可控性和可跟踪性，对数据库系统的各种操作是在有监控的条件下进行的，同时对重要数据的操作保留历史痕迹。

仅使用权限、角色、视图甚至细粒度安全策略建立访问控制系统还不能保证数据库的安全，数据库的审计功能可以监视用户对数据的操作，对于高度敏感的保密数据，系统可以采用 DBMS 审计技术跟踪并记录有关数据的访问活动，同时将跟踪结果记录在审计日志（Audit Log）。DBA 可以根据记录在审计日志中的数据进行机密数据窃取的分析和调查。

安全审计功能大大地增加了系统开销，DBMS 常将审计作为可选项并提供相应的审计功能的 SQL 语句，以便灵活地打开和关闭审计功能。

审计日志一般包括以下内容：

①数据操作的日期和时间。

②操作终端标识和操作者标识。

③对数据实施的何种操作，如查询、修改等。

④数据操作时所涉及的对象类型，如表、视图、记录、属性等。

⑤数据的前像和后像，即数据的原值和最终值。

4. 数据加密

以上介绍的几种数据库的安全措施都是从数据库系统方面保护数据、防止数据窃取。在数据的传输过程中，为了防止盗窃者物理地取走数据库或在通信线路上窃取数据，需要对数据进行加密，以加密格式存储和传输数据。

数据加密是将原始的或未加密的数据（即明文）通过加密算法，将明文和密钥转换为加密后的格式（即密文）进行存储或传输的过程。在查询数据的过程中，数据库中存储的密文数据首先需要解密，然后使用查询语句查询解密数据，因此系统开销较大。在实际操作中需要通过有效的查询策略来直接执行密文查询或较小粒度的快速解密。

（1）数据库加密的实现机制。数据库加密的实现机制主要研究执行加密部件在数据库系统中所处的层次和位置，通过对比各种体系结构的运行效率、可扩展性和安全性，以求得最佳的系统结构。数据库加密机制可以从大的方面分为库内加密和库外加密。

①库内加密。库内加密在 DBMS 内核层实现加密，加密过程对用户与应用透明，数据在物理存取之前完成加/解密工作。

②库外加密。库外加密的加/解密过程发生在 DBMS 之外，DBMS 管理的是密文。加/解密过程大多在客户端实现，有的由专门的加密服务器或硬件完成。

（2）数据库加密的粒度。一般来说，数据库加密的粒度可以有 4 种，即表、属性、记录和数据元素。加密粒度越小，则灵活性越好、安全性越高，但实现技术也更为复杂，对系统运行效率的影响也越大。

（3）数据加密标准（Data Encryption Standard，DEs）。数据加密标准采用替换（用密钥将明文的每一个字符转换为密文字符）和置换（将明文字符按不同顺序重新排列）结合的算法对数据进行加密。它由 IBM 制定，在 1977 年成为美国官方加密标准。

（4）公开数据加密标准。公开密钥加密方法中，加密算法和加密密钥都是公开的，任何人都可将明文转换成密文，但是相应的解密密钥是保密的（公开密钥方法包括两个密钥，分别用于加密和解密），而且无法从加密密钥推导出来。因此，即使是加密者，若未被授权也无法执行相应的解密。最著名的公开数据加密方法是由 Rivest、Shamir 以及 Adleman 三位提出的，通常称为 RSA（以三个发明者名字的首字母命名）方法。

（5）数据库加密的局限性。数据库加密技术在保证安全性的同时，也给数据库系统的可用性带来一些影响：①系统运行效率受到影响。②难以实现对数据完整性约束的定义。③数据的 SQL 语言及 SQL 函数受到制约。④密文数据容易成为攻击目标。数据库中的加密数据容易被有所企图的人注意，易于成为攻击目标和窃取目标。

8.1.3　MySQL 的安全控制机制

1. MySQL 数据库系统安全级别

数据库系统的安全性控制是数据库系统保护数据的一种功能。MySQL 提供了强大的安全控制机制，在实际应用环境中用户可以根据需求采用灵活有效的安全控制策略，实现对整个数据库系统的安全保护。

MySQL 利用其安全机制允许具有一定访问权限的用户登录 MySQL，并在具备一定权限的条件下访问数据和对数据库对象进行授权操作。

数据库系统中的安全机制是分层设置的，如图 8 - 2 所示。

（1）数据库管理系统级安全性。数据库管理系统级安全性是控制用户登录数据库管理系统的安全机制。MySQL 通过登录认证（Authentication）来确定登录 MySQL 用户的登录账号和密码是否正确，以此验证其是否具有连接到 MySQL 数据库管理系统的权限。

（2）数据库级安全性。用户通过认证后，还需具备访问权限（Permission）才能访问 MySQL 中的数据。用户访问数据库权限的设置是通过用户账号来实现的，同时可以使用角色来简化数据库的安全管理。

（3）数据库对象级安全性。作为具有访问数据库权限的用户，还需具备一定的权限才能对服务器上的数据库对象进行各种操作。

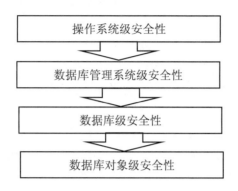

图 8-2 数据库系统安全级别

2. MySQL 的用户登录认证模式

用户必须通过登录账户完成身份验证，才能获得对 MySQL 的访问权限，MySQL 可以使用用户名和密码进行验证。只有使用正确的用户名和密码，才能建立起自定名称的连接。

3. MySQL USER 权限表

MySQL 在安装时会自动创建一个名为 MySQL 的数据库，MySQL 数据库中存储的都是用户权限表。用户登录以后，MySQL 会根据这些权限表的内容为每个用户赋予相应的权限。

USER 表是 MySQL 中最重要的一个权限表，用来记录允许连接到服务器的账号信息。需要注意的是，在 USER 表里启用的所有权限都是全局级的，适用于所有数据库。

USER 表中的字段大致可以分为 4 类，分别是用户列、权限列、安全列和资源控制列。

①用户列：用户列存储了用户连接 MySQL 数据库时需要输入的信息。用户登录时，如果主机名、用户名、密码 3 个字段同时匹配，MySQL 数据库系统才会允许其登录。创建新用户也是设置这 3 个字段的值。修改用户密码时，实际就是修改 USER 表的 authentication_string 字段的值。因此，这 3 个字段决定了用户能否登录。

②权限列：权限列的字段决定了用户的权限，用来描述在全局范围内允许对数据和数据库进行的操作。权限分为高级管理权限和普通权限：高级管理权限主要对数据库进行管理，如关闭服务的权限、超级权限和加载用户等；普通权限主要是操作数据库，包括查询权限、修改权限等。

③安全列：安全列主要用来判断用户是否登录成功，记录加密、密码修改等信息。

④资源控制列：用来限制用户使用的资源。如规定用户每小时允许执行查询操作的次数。

4. MySQL 的权限管理

在 MySQL 中，许可是指允许那些具有相应数据访问权限的用户能够登录 MySQL 并访问数据，以及对数据库对象实施各种权限范围内的操作，但是要拒绝所有的非授权用户的非法操作。许可与用户账号是紧密联系的，它实际上是对用户账号的权限控制。

用户登录 MySQL 后，其账号被授予的权限决定了该用户能够对哪些数据库执行哪些操作，以及能够访问和修改哪些数据。

（1）权限的类型。MySQL 有对象权限和语句权限两种类型。

①对象权限是针对表、视图、储存过程而言的。它决定了能对表、视图、储存过程执行哪些操作，如 UPDATE、DELETE、INSERT、EXECUTE，如果用户想要对某一对象进行操作，其必须具有相应的操作权限。例如，当用户要修改表中的数据时，前提条件是他已经被授予表的 UPDATE 权限。不同类型的对象支持针对它的不同操作，如不能对表对象执行 EXECUTE 操作。

②语句权限主要指用户是否具有权限来执行某一语句。这些语句通常是一些具有管理性的操作，如创建数据库表、存储过程等。这种语句虽然包含操作，如 CREATE 的对象，但这些对象在执行该语句之前并不存在于数据库中。如创建一个表，在 CREATETA-BLE 语句未成功执行前数据库中并没有该表，所以将其归为语句权限范畴。

（2）权限的管理。在 MySQL 中通过两种途径可以实现对语句权限和对象权限的管理，从而实现对用户权限的管理。这两种途径分别为面向单一用户和面向数据库对象的两种权限设置，如图 8 - 3 所示。

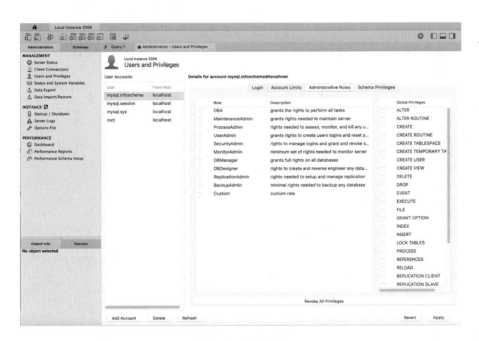

图 8 - 3　权限管理

8.2 数据库并发控制

8.2.1 并发操作带来的不一致性

当多个用户并发地存取数据库时就会产生多个事务同时存取同一数据的情况。如果对并发操作不加控制就可能会导致读取和存储数据不正确的现象，从而破坏数据库的一致性。

数据的并发操作带来的不一致性主要包括丢失更新、读"脏"数据和不可重复读。以下结合例8－7网上书店的例子来说明这几种情况。

【例8－7】网上书店模型中，图书库存量$R=50$本，甲事务T_1定购8本，乙事务T_2定购10本，演示并发操作带来的不一致性问题。

1. 丢失更新（Lost Update）

丢失更新是指两个事务读同一个数据，并发执行修改，一方将另一方的结果覆盖掉，造成数据的丢失更新，如表8－1所示。

表8－1 并发操作导致的丢失更新

时间	更新事务 T_1	数据库中的 R 值	更新事务 T_2
t_0		50	
t_1	READ R		
t_2			READ R
t_3	$R:=R-8$		
t_4			$R:=R-10$
t_5	UPDATE R		
t_6		42	UPDATE R
t_7		40	

2. 读"脏"数据（Dirty Read）

读"脏"数据是事务T_2读取了T_1更新后的数据R，其后T_1由于某种原因撤销修改，数据R恢复原值，而T_2得到的数据与数据库中的数据不一致，如表8－2所示。

表 8 - 2　并发操作导致的数据脏读

时间	更新事务 T_1	数据库中的 R 值	更新事务 T_2
t_0		50	
t_1	READ R		
t_2	$R:=R-8$		
t_3	UPDATE R		
t_4		42	READ R
t_5	ROLLBACK		
t_6		50	

3. 不可重复读（Non-Repeatable Read）

事务 T_1 读取数据 R 后，T_2 读取并更新了 R，当 T_1 再次读取 R 时，得到的两次数值不一致，导致数据不可重复读，如表 8 - 3 所示。

表 8 - 3　并发操作导致的不可重复读

时间	更新事务 T_1	数据库中的 R 值	更新事务 T_2
t_0		50	
t_1	READ R		
t_2			READ R
t_3			$R:=R-10$
t_4			UPDATE R
t_5		40	COMMIT
t_6	READ R		

　　数据的丢失更新、不可重复读、读取"脏"数据导致的数据不一致，主要原因是：并发操作破坏了事务的隔离性。为了保证事务的隔离性和一致性，DBMS 需要对并发操作进行并发控制。并发控制就是要用正确的方式调度并发操作，使一个用户事务的执行不受其他事务的干扰，从而避免数据不一致问题的出现。并发控制机制的好坏是衡量一个数据库管理系统性能的重要标志之一。

8.2.2　事务管理

1. 事务的概念

　　并发控制以事务为单位，事务是一个逻辑工作单元，即用户定义的一个数据库操作序列，这个操作序列要么全做要么全不做，是不可分割的。一个事务可以是一条语句或一组 SQL 语句或整个应用程序。事务可以由用户显示控制，也可以由系统自动划分。在

SQL 语言中，定义事务的语句有如下四条：

①BEGIN TRANSACTION：表示事务的开始。

②COMMIT：表示事务的提交。

③ROLLBACK：表示事务的回滚。

④SAVEPOINT n：表示事物回滚到设置的保存点。回滚到事务保存点格式为：ROLL-BACK TO SAVEPOINT n。

事务有三种运行模式：

①自动提交事务，即每条单独语句都是一个事务。

②显式事务，即每个事务均以 BEGIN TRANSACTION 语句开始，以 COMMIT 语句或 ROLLBACK 语句结束。事务通常是以显式模式运行的。

③隐式事务，即在前一个事务完成时，新事务隐式启动，但每个语句仍以 COMMIT 语句或 ROLLBACK 语句显式地表示完成。

2. 事务的特征

事务具有 4 个特性：原子性（Atomicity）、一致性（Consistency）、隔离性（Isolation）和持续性（Durability），简称 ACID 特性。

（1）原子性：事务要么全部执行，要么全部不执行，不允许完成部分事务。

（2）一致性：事务的执行结果必须使数据库从一个一致状态变到另一个一致状态。它和原子性密切相关。事务的一致性属性要求事务在并发执行的情况下仍然满足事务的一致性。它在逻辑上不是独立的，它由事务的隔离性来表示。

（3）隔离性：一个事务的执行不能被其他事务干扰，即一个事务内部操作及使用的数据对其他并发事务是隔离的，并发执行的各事务之间不能相互干扰。

（4）持续性：也称永久性，事务一旦提交，它对数据库中数据的改变是永久的，无论发生何种机器故障和系统故障都不应该对其有任何影响。

保证事务 ACID 特性是事务管理的重要任务。事务 ACID 特性可能遭到破坏的因素有：

（1）多个事务并行时，不同事务的操作交叉执行。

（2）事务在运行过程中被强行停止。

事务是并发控制的基本单位，保证事务 ACID 特性是事务管理的重要任务，而事务 ACID 特性遭到破坏的原因之一是多个事务对数据库进行并发操作。在数据库管理系统中，恢复机制和并发控制机制的责任就是保证多个事务的交叉运行或被强行终止的事务对数据库和其他事务没有影响。

8.2.3 封锁机制

1. 封锁的概念

封锁是实现并发控制的主要手段，封锁就是事务 T 在对其数据对象进行操作之前，先向系统发出请求，对其加锁，加锁后事务 T 对该数据对象就有了一定的控制能力。

封锁有三个步骤：

①申请锁，即事务在操作前要对它使用的数据提出加锁要求。

②获得锁，当条件满足时，系统允许事务对数据加锁，事务获得对所需数据的控制权。

③释放锁，操作完成后，事务放弃对数据的控制权。

2. 锁类型

（1）排他锁（Exclusive Locks，X 锁，写锁）。事务 T 对数据 A 加上此锁后只允许事务 T 读取和修改它，其他任何事务都不能再对数据 A 加任何类型的锁，直到事务 T 释放数据 A 上的锁。该锁保证了其他事务在 T 释放 A 上的锁之前，不能再读取和修改 A。使用 X 锁解决数据丢失问题，如表 8-4 所示。

表 8-4 使用 X 锁解决数据丢失

时间	更新事务 T_1	数据库中的 R 值	更新事务 T_2
t_0		50	
t_1	X READ R		
t_2			X READ R（失败）
t_3	$R：=R-8$		Wait（等待）
t_4	UPDATE R		Wait
t_5		42	Wait
t_6	COMMIT（包括解锁）		Wait
t_7			X READ R（重做）
t_8			$R：=R-10$
t_9			UPDATE R
t_{10}		32	COMMIT（解锁）

（2）共享锁（Share Locks，S 锁，读锁）。事务 T 对数据 A 加上此锁后，事务 T 可以读 A 但不能修改 A，其他事务只能再对 A 加 S 锁，而不能加 X 锁，直到 T 释放 A 上的 S 锁。该锁保证其他事务可以读 A，但在 T 释放 A 上的 S 锁之前不能对 A 作任何修改。

排他锁和共享锁的控制相容矩阵如表 8-5 所示。

表 8-5 锁的相容性矩阵

T_1	T_2		
	X 锁	S 锁	-（无锁）
X 锁	N	N	Y
S 锁	N	Y	Y
-（无锁）	Y	Y	Y

3. 三级封锁协议

封锁协议是指在对数据对象加锁时约定的一些规则。对封锁方式规定不同的规则，形成了不同的封锁协议，有以下三级封锁协议：

（1）一级封锁协议。事务 T 在修改数据 R 之前必须先对其加 X 锁，直到事务结束才释放。如果事务未获得该锁，则进入等待状态，直到获得 X 锁才继续执行下去。

该协议避免了两个事务读到同一 R 值后，先后更新数据所导致的丢失更新问题。但是该协议规定如果只是仅读数据而不对数据进行修改，是不需要加锁的，所以一级封锁协议不能保证可重复读和不读"脏"数据。

表 8 - 6 所示的是在该协议下数据没有丢失更新。

表 8 - 6　一级封锁协议不丢失更新

时间	更新事务 T_1	数据库中的 R 值	更新事务 T_2
t_0		50	
t_1	X LOCK R		
t_2	X READ R		
t_3			X LOCK R（失败）
t_4	R：= R - 8		Wait（等待）
t_5	UPDATE R	42	Wait
t_6	COMMIT		Wait
t_7	UNLOCK R		Wait
t_8			X LOCK R（重做）
t_9			X READ R
t_{10}			R：= R - 10
t_{11}			UPDATE R
t_{12}		32	
t_{13}			COMMIT
t_{14}			UNLOCK R

（2）二级封锁协议。在一级封锁协议基础上，事务 T 在读数据 R 之前必须先对其加 S 锁，读完后即可释放 S 锁。该协议除了防止数据丢失更新，还可进一步防止读"脏"数据。在该协议中，由于读完数据后即可释放 S 锁，所以它不保证可重复读。表 8 - 7 所示的是在该协议下没有读"脏"数据。

表 8 - 7　二级封锁协议不读"脏"数据

时间	更新事务 T_1	数据库中的 R 值	更新事务 T_2
t_0		50	
t_1	X LOCK R		
t_2	X READ R		
t_3	$R: = R - 8$		
t_4	UPDATE R		
t_5		42	S LOCK R（失败）
t_6	ROLLBACK		Wait（等待）
t_7		50	Wait
t_8	UNLOCK R		Wait
t_9			S LOCK R（重做）
t_{10}			S READ R
t_{11}			COMMIT
t_{12}			UNLOCK R

（3）三级封锁协议。在一级封锁协议基础上，加上事务 T 在读数据 R 之前必须先对其加 S 锁，直到事务结束才释放。该协议除防止丢失修改和不读"脏"数据外，还可进一步防止不可重复读。表 8 - 8 所示的是在该协议下解决了不可重复读的问题。

表 8 - 8　三级封锁协议可重复读

时间	更新事务 T_1	数据库中的 R、S 值	更新事务 T_2
t_0		$R = 50$，$S = 60$	
t_1	S LOCK R		
t_2	S LOCK S		
t_3	S READ R		
t_4	S READ S		
t_5	求和 $R + S$		
t_6			X LOCK S（失败）
t_7		50	Wait（等待）
t_8	S READ R		Wait
t_9	S READ S		Wait
t_{10}	求和 $R + S$		Wait
t_{11}	COMMIT		Wait
t_{12}	UNLOCK R		Wait

（续上表）

时间	更新事务 T_1	数据库中的 R、S 值	更新事务 T_2
t_{13}	UNLOCK S		Wait
t_{14}		$R = 50$，$S = 60$	X LOCK S（成功）
t_{15}			X READ S
t_{16}			$S := S \times 2$
t_{17}			UPDATE S
t_{18}			COMMIT
t_{19}		$R = 50$，$S = 120$	UNLOCK S

4. 活锁和死锁

利用封锁机制可以解决数据库并发操作带来的影响，但是和操作系统一样，封锁的方法可能会引起活锁和死锁。

（1）活锁。假设一共享资源 A 已被封锁，事务 T_1、T_2、T_3、T_4……均请求 A 的 X 锁，当 A 上的锁释放后，T_2 获得封锁，随后 T_3、T_4……均获得资源 A 的封锁，而事务 T_1 一直处于等待状态，这就是活锁，如图 8-4 所示。

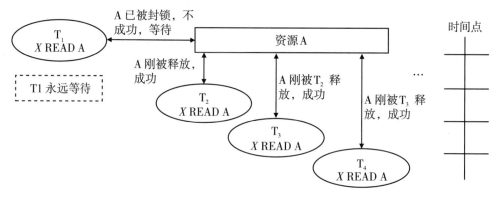

图 8-4　活锁

（2）死锁。

①形成原因。假设共享资源 A、B，事务 T_1 获得资源 A 的封锁，事务 T_2 获得资源 B 的封锁。事务 T_1 请求资源 B 的封锁，由于资源 B 已经加锁，所以事务 T_1 等待事务 T_2 释放资源 B，而事务 T_2 请求资源 A，由于资源 A 由事务 T_1 占有，它等待事务 T_1 释放资源 A。这样，双方在都占有各自资源的情况下，再申请对方的资源，造成双方都无法进行下去，就形成了死锁。如表 8-9 所示。

表 8 - 9 事务的死锁

时间	更新事务 T_1	更新事务 T_2
t_0	X READ A	
t_1		X READ B
t_2	X READ B	
t_3	Wait	X READ A
t_4	Wait	Wait

②死锁的检测。死锁的检测通常用到的方法有超时法和等待图法。

a. 超时法：如果一个事务的等待时间超过某时限，则认为发生死锁。

b. 等待图法：如果事务 T_1 需要的数据已经被事务 T_2 封锁，就从 T_1 到 T_2 画一条有向线，如果有向图中出现回路即表明发生死锁，如图 8 - 5 所示。

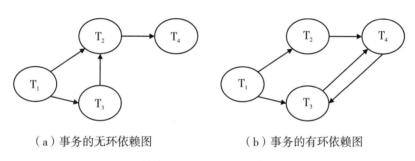

（a）事务的无环依赖图   （b）事务的有环依赖图

图 8 - 5 事务的依赖图

图 8 - 5（b）中，T_2 等待 T_4 的资源，T_4 等待 T_3 的资源，T_3 等待 T_2 的资源，表明系统发生死锁。

③死锁的处理。系统死锁由 DBA 进行干预，首先，选择一个事务作为牺牲者；其次，回滚牺牲事务，释放锁及其所占资源；最后，把释放的资源让给其他等待事务。

选择牺牲的事务的方法可以根据具体情况而定，以下有三种方法可以选择：

a. 选择最迟交付的事务。

b. 选择获得锁最少的事务。

c. 选择回滚代价最小的事务。

④死锁的预防。死锁的预防即破坏死锁形成的条件，常用以下两种方法：

a. 一次封锁法：在事务执行之前，对要使用的所有数据对象加锁并要求加锁成功。一个不成功，就表示本次加锁失败，要立即释放所有加锁成功的数据对象。一次封锁法可以防止死锁的发生，但同时也带来一些问题：扩大了封锁范围，它需要一次将所有用到的数据对象全部加锁，因此降低了系统的并发度；无法适应动态性，不能够精确地确定事务加锁的对象。

b. 顺序封锁法：把数据对象分级，按级别封锁。对所有可能封锁的数据对象按序编号，规定一个加锁顺序，每个事务都按此顺序加锁，释放时按逆序释放。顺序封锁法同样存在问题：顺序很难确定，动态的系统对于要封锁的数据对象的顺序较难确定；动态问题、动态执行的事务较难确定封锁对象。

8.3 数据库恢复技术

8.3.1 数据库故障

数据库系统运行过程中，当发生故障造成数据损坏时，可以利用后备副本和日志文件将数据库恢复到某一时刻的正确状态，根据不同的故障，可以采用不同的恢复策略。

1. 事务故障

事务故障是指事务在运行过程中由于某种原因导致事务未正常完成就中断，即事务处于待提交状态并尚未提交时，事务就停止运行。造成事务中断的原因可能有以下几种：

（1）事务本身无法执行造成的中断，如没有数据、数据类型不匹配、运算溢出、违反约束等。

（2）操作人员由于各种原因对事务进行撤销操作。

（3）系统发生死锁造成事务无法正常运行。

发生事务故障时，一般由系统自动完成故障的恢复，对用户透明。由于事务没有正确结束，即没有 COMMIT 或 ROLLBACK 的标志，数据处于不一致状态。DBMS 的恢复子系统利用日志文件撤销（UNDO）事务对数据库所做的修改，将数据恢复到一致状态。

2. 系统故障

系统故障又称为软故障，是指由于系统突然停止运转，必须重新启动的故障。造成系统停止运转的原因可能有以下几种：

（1）系统突然掉电。

（2）除存储介质以外的硬件故障，如 CPU 故障等。

（3）操作系统或 DBMS 发生的错误等。

发生系统故障时造成数据库不一致的原因主要有两个：对于未提交的事务更新的数据已经写入数据库中；已经提交的数据更新还留在缓冲区中，未写入数据库。因此，对于系统故障，根据事务的原子性，需要撤销未完成的事务，重做（REDO）已完成的事务。系统故障的恢复在系统重新启动时自动完成，不需要用户干预，对用户透明。

3. 介质故障

介质故障又称硬故障，是指系统在运行过程中由于磁盘介质受破坏导致数据库本身受损，使数据库的数据部分或全部丢失的故障。造成介质发生故障的原因可能是磁盘损毁、强磁场干扰等。

介质故障可能破坏部分或全部数据库，破坏性大，需要 DBA 介入。DBA 只需要重装最近转储的数据库副本和有关的各日志文件副本，然后执行系统提供的恢复命令即可。

4. 计算机病毒

计算机病毒指编制或者在计算机程序中插入的破坏计算机功能或者破坏数据、影响计算机使用并且能够自我复制的一组计算机指令或者程序代码。计算机病毒可以造成以下几种情况：

①攻击系统数据区，包括硬盘主引扇区、Boot 扇区、FAT 表、文件目录等。

②攻击文件，删除、改名、替换内容、丢失部分程序代码、内容颠倒、写入时间空白、变碎片、假冒文件、丢失文件簇、丢失数据文件等。

③攻击内存，额外地占用和消耗系统的内存资源，导致一些较大的程序难以运行。

④干扰系统运行，此类型病毒会干扰系统的正常运行，以此作为自己的破坏行为，如：干扰内部命令的执行，虚假报警，使文件打不开，使内部栈溢出，占用特殊数据区，时钟倒转，重启，死机，强制游戏，扰乱串行口、并行口等。

⑤攻击磁盘，攻击磁盘数据、不写盘、写操作变读操作、写盘时丢字节等。计算机病毒也是数据库系统的主要威胁，对于病毒的处理，可以安装防病毒软件保护系统，一旦数据遭到破坏，可以利用数据恢复方法，将数据恢复到某一时刻的一致状态。

8.3.2　数据库恢复技术

数据库恢复是指通过技术手段将保存在数据库中丢失的电子数据进行抢救和恢复的技术。数据库要恢复原来的数据或一部分数据，需要用到备份数据，也就是说，数据库中任何一部分被破坏或不正确的数据需要利用存储在系统中的冗余数据进行数据重建。因此，数据冗余是数据库恢复的必要条件。

利用冗余数据实现数据重建一般有两种方法：登记日志文件和数据转储。

1. 登记日志文件

日志文件是用来记录数据库更新操作的文件，是系统运行的历史记录。

日志文件的内容主要包括：

（1）各个事务的开始标记（BEGIN TRANSACTION）。

（2）各个事务的结束标记（COMMIT 或 ROLLBACK）。

（3）各个事务的所有更新操作。

（4）与事务有关的内部更新操作。

对于日志文件中的每一条日志记录，需包括以下内容：

（1）事务标识（标明是哪个事务）。

（2）操作类型（插入、删除或修改）。

（3）操作对象（记录 ID、Block NO.）。

（4）更新前数据的旧值（对插入操作而言，此项为空值）。

（5）更新后数据的新值（对删除操作而言，此项为空值）。

为保证数据库是可恢复的，登记日志文件时必须遵循两条原则：

（1）登记的次序严格按照并发事务执行的时间次序。

（2）必须先写日志文件，后写数据库。写日志文件表示把修改的日志记录写到日志文件中，写数据库表示把修改的数据写到数据库中。

利用日志文件，结合数据转储期间得到的后备副本，可以将数据恢复到正确状态。在动态转储中，利用后备副本和日志文件恢复数据库。在静态转储中，利用后备副本将数据恢复到转储结束的正确状态，再利用日志文件完成事务的重新处理。

2. 数据转储

数据转储是 DBA 定期将整个数据库复制到磁带或另一个磁盘上保存起来的过程，是数据库恢复的基本技术。这些复制的数据称作后备副本或后援副本。转储耗费时间和资源，DBA 应当根据数据库的使用情况确定一个适当的转储周期。

如图 8-6 所示，数据库在正常运行过程中，T_a 时刻进行数据转储，T_b 时刻转储结束，T_f 时刻数据发生故障。在恢复数据的过程中，将后备副本重装，恢复至 T_b 时刻的正确数据。

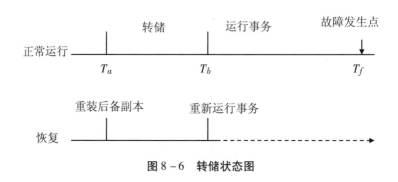

图 8-6　转储状态图

按转储的状态划分，转储可以分为静态转储和动态转储。

静态转储是系统在没有任何事务运行的状态下进行的转储操作。静态转储得到的一定是和数据一致的副本。因为在转储期间不允许对数据库进行任何的存取、修改活动，所以它实现起来较简单。但是，由于在转储期间不进行任何数据操作，因而：

（1）转储降低了数据库的可用性。

（2）转储必须等用户事务结束才能进行。

（3）新的事务必须等转储结束才能开始。

图 8-7 是静态转储示意图：在 T_a 到 T_b 时刻进行数据转储，任何事务停止活动。在 T_b 时刻得到的数据副本和数据库状态一致，开始运行事务。因此对于 T_b 到 T_f 时刻的数据并没有转储到后备副本中，T_b 时刻以后执行的事务，根据事务的原子性，对已提交的事务重做，对未提交的事务进行撤销操作。

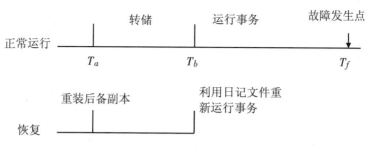

图 8-7　静态转储状态图

动态转储的过程可以和事务的执行过程并发执行。在数据转储期间允许对数据库进行存取或修改，由于事务运行和数据转储是并发执行的，转储结束时后援副本上的数据不能保证正确有效。动态转储的优点是转储不需要等待正在运行的用户事务结束，转储不会影响新事务的运行。

动态转储需要把转储期间各事务对数据库的修改活动登记下来，建立日志文件。因此，数据库进行恢复时的后援副本加上日志文件就能把数据库恢复到某一时刻的正确状态。

图 8-8 是动态转储示意图：在 T_a 到 T_b 时刻同时进行数据转储和事务运行。在 T_b 时刻转储结束。T_b 到 T_f 时刻的数据并没有转储到后备副本中，T_b 时刻以后执行的事务，利用日志文件，根据事务的原子性，对已提交的事务重做，对未提交的事务进行撤销操作。

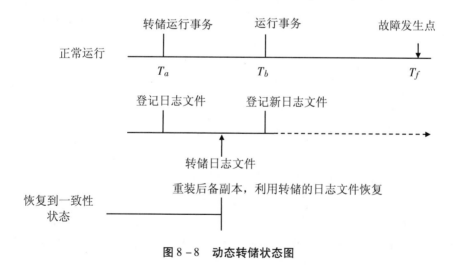

图 8-8　动态转储状态图

按转储的方式划分，转储可以分为海量转储和增量转储。

（1）海量转储：每次转储全部的数据。

（2）增量转储：每次只转储上一次转储后更新过的数据。

海量转储与增量转储的比较：从恢复角度看，使用海量转储得到的后备副本进行恢复更方便；但如果数据库很大，事务处理又十分频繁，用增量转储的方式更有效。

对于数据库数据的转储，应根据实际情况制定转储方法和周期，一般情况下，数据转储应遵循以下原则：

（1）应定期进行数据转储，制作后备副本。

（2）转储十分耗费时间和资源，不能频繁进行。

（3）DBA 应该根据数据库使用情况确定适当的转储周期和转储方法。

8.3.3　数据库恢复策略

数据库系统要求数据模型具有实体完整性、参照完整性等，这是为了保证数据库中数据的一致性。在数据库运行过程中发生的事务、系统和介质故障，都会导致数据的不一致，从而破坏了数据一致性的基本原则。因此，针对故障造成的数据不一致，必须进行数据的恢复，即利用冗余数据进行恢复。数据恢复有三种策略：副本恢复策略、副本和日志文件共同恢复策略以及多副本恢复策略，每种策略对数据的复原程度有所不同，以下将分别介绍这三种恢复策略。

1. 副本恢复策略

该策略是对已经提交并保存在储存介质上的数据进行恢复，要在规定的时间内将数据库系统中完成的数据全部备份到其他储存介质上，并将数据恢复到备份时的状态。可以采用增量式的备份（只针对变化过的数据进行备份），也可以采用完全备份。对于系统故障，无论采用的是完全备份还是增量备份都不能做到完全的数据恢复，只能恢复到备份时的状态。副本恢复策略的优点是系统实现简单，只要制定备份规则，定时完成数据备份即可。但是该策略最大的缺点就是备份的周期越长，丢失的数据越多，损失也就越大。

2. 副本和日志文件共同恢复策略

这是为了克服副本恢复策略不能恢复已提交但是没有进入物理介质的那些事务而采取的一种策略。日志文件可以对这部分已经提交但是没有保存的事务进行恢复。故障恢复时，只需要利用日志文件中的后像数据重新操作一遍即可。

3. 多副本恢复策略

多副本恢复策略即在网络数据库环境中拥有多个数据库副本，这些副本存放在不同的计算机节点中并且保持同步。多副本恢复策略一般应用在分布式数据库环境中。由于存放在不同计算机节点上的副本，不会因为某一事件同时发生同样的故障，当系统中的某个副本出现问题时，即可随时调用其他副本进行联机修复。多副本恢复策略在实现时可以采用磁盘镜像、数据快照等手段。

第9章　网上书店综合设计案例

本案例的总体目标是设计一个在线图书订单处理系统，实现图书的在线查找、销售等功能。该系统以 Windows 操作系统为平台，其网络连接以 TCP/IP 协议为基础，使用 Web 服务器提供信息的浏览和查询，采用流行的 B/S 三层体系结构。

9.1　数据库设计

9.1.1　需求分析

本系统的信息需求主要有"用户信息""书籍信息""订单信息""订单细节信息""出版社信息""书籍类别信息""送货信息"等。

1. 用户信息

每一个用户都用独自的一个"用户号""账号""密码""姓名""性别""地址""邮编""电话""Email"。通过"用户号"和"密码"可鉴定用户。

2. 书籍信息

记录相关书籍的基本信息，包括"书籍编号""ISBN""书名""作者""出版社编号""出版日期""页数""版本""分类编号""库存数量""价格""折扣价"。

（1）一本书可由多个用户订购。

（2）一个用户可以订购多本书。

（3）每一本书都属于一个特定的出版社。

（4）每一本书都属于一个特定的书目类别。

3. 订单信息

记录用户的订购信息，包括"订单号""书籍编号""书名""下单时间""下单数量"。

（1）需要确定用户的下单时间。

（2）订单的送货方式。

（3）用户的支付方式。

（4）确认货物到达的时间和收货人的信息。

4. 订单细节

记录详细具体的订单信息，包括"订单号""下单时间""支付方式""用户号""送货编号""订单状态""发货时间""预计到达时间""收货人""收货人地址""收货人电话""邮编"。

（1）根据细节内容，可以计算整个订单的价格。

（2）根据细节内容，可以计算用户订购的总数。

5. 出版社信息

每本书籍都对应某一特定的出版社，记录了"出版社编号""出版社名称""电话""Email""地址""邮编""网址"等信息。

6. 书籍类别信息

记录了书籍所属的类别信息，包括"分类编号""类别名称""父类别编号"，每一条记录中都包含了其父类别的信息。如果没有父类别，则将其设置为空。

9.1.2 数据流程

网上书店的订购数据流图如图 9 - 1 所示。用户在网上书店可以浏览书店的书籍信息，将想要购买的商品放入购物车中并可查看购物车的信息。当用户选择购买时，填写送货信息及送货方式并确认订单。

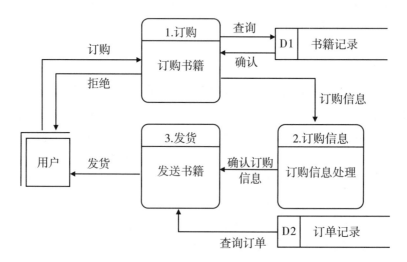

图 9 - 1　网上书店订购数据流图

9.1.3 概念结构设计

1. 实体

网上书店购物各实体的 E - R 图，如图 9 - 2 所示。

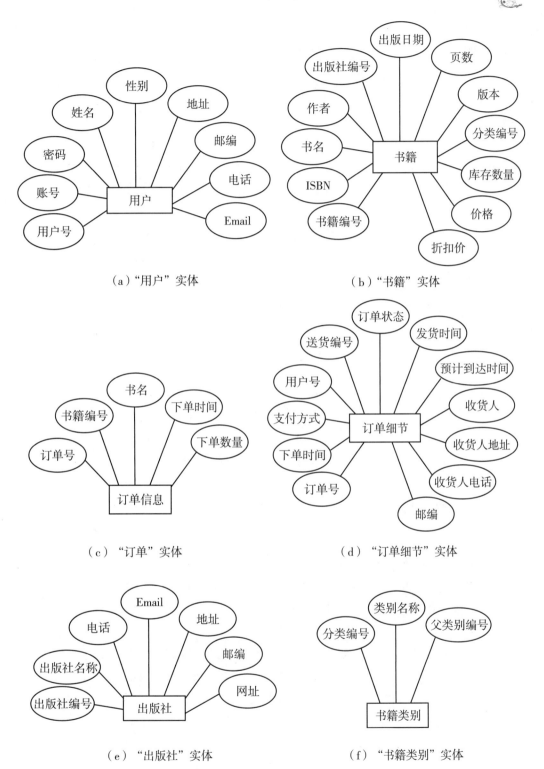

（a）"用户"实体 　　　　（b）"书籍"实体

（c）"订单"实体 　　　　（d）"订单细节"实体

（e）"出版社"实体 　　　　（f）"书籍类别"实体

图 9 - 2　主要实体

2. 全局 E – R 图

网上书店购物的全局 E – R 图如图 9 – 3 所示。

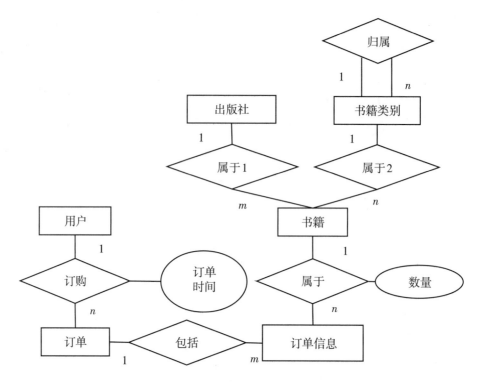

图 9 – 3   网上书店购物模块的全局 E–R 图

9.1.4   逻辑结构设计

1. E–R 图转换为关系模式

将概念设计转换为关系模式，如下：

（1）用户信息（<u>用户号</u>，账号，密码，姓名，性别，地址，邮编，电话，Email）。

（2）书籍信息（<u>书籍编号</u>，ISBN，书名，作者，出版社编号，出版日期，页数，版本，分类编号，库存数量，价格，折扣价）。

（3）出版社信息（<u>出版社编号</u>，出版社名称，电话，Email，地址，邮编，网址）。

（4）订单信息（<u>订单号</u>，<u>书籍编号</u>，书名，下单时间，下单数量）。

（5）订单细节（<u>订单号</u>，下单时间，支付方式，用户号，送货编号，订单状态，发货时间，预计到达时间，收货人，收货人地址，收货人电话，邮编）。

（6）书籍类别（<u>分类编号</u>，类别名称，父类别编号）。

2. 表设计

表 9 - 1　用户表

数据项	含义说明	数据类型	数据长度	取值范围	约束条件
UserID	用户号	CHAR	5		主键，Not Null
Account	账号	CHAR	15		Not Null
Password	密码	CHAR	16		Not Null
TName	姓名	CHAR	40		
Sex	性别	CHAR	10		
Address	地址	CHAR	100		
Zipcode	邮编	CHAR	7		
Tel	电话	CHAR	20		
Email	Email	CHAR	30		

表 9 - 2　书籍信息表

数据项	含义说明	数据类型	数据长度	取值范围	约束条件
BookID	书籍编号	CHAR	5		主键，Not Null
ISBN	ISBN	CHAR	13		Not Null
BookName	书名	CHAR	40		Not Null
Author	作者	CHAR	40		Not Null
PressID	出版社编号	CHAR	5		外键，引用 Press_Information
PublishDate	出版日期	DATE			Not Null
Pages	页数	INT		>0	
Edition	版本	CHAR	10		
CategoryID	分类编号	CHAR	7		外键，引用 Book_Category
TotalNum	库存数量	INT		>0	Not Null
Price	价格	INT		>0	Not Null
DiscountPrice	折扣价	INT		>0，< Price	

表 9 - 3　出版社信息表

数据项	含义说明	数据类型	数据长度	取值范围	约束条件
PressID	出版社编号	CHAR	5		主键，Not Null
PressName	出版社名称	CHAR	40		Not Null
Tel	电话	CHAR	20		

（续上表）

数据项	含义说明	数据类型	数据长度	取值范围	约束条件
Email	Email	CHAR	30		
Address	地址	CHAR	100		
Zipcode	邮编	CHAR	7		
WWW	网址	CHAR	100		

表9-4　订单信息表

数据项	含义说明	数据类型	数据长度	取值范围	约束条件
OrderID	订单号	CHAR	7		组合键，
BookID	书籍编号	CHAR	5		Not Null
BookName	书名	CHAR	40		Not Null
OrderTime	下单时间	DATETIME			Not Null
Quantity	下单数量	INT		>0	Not Null

表9-5　订单细节表

数据项	含义说明	数据类型	数据长度	取值范围	约束条件
OrderID	订单号	CHAR	7		主键，Not Null
OrderTime	下单时间	DATETIME			Not Null
Payment	支付方式	CHAR	5		Not Null
UserID	用户号	CHAR	5		外键，引用 Use_List
CourieredID	送货编号	CHAR	15		Not Null
OrderStatus	订单状态	CHAR	10		Not Null
DeliveryTime	发货时间	DATETIME		> OrderTime	Not Null
ETA	预计到达时间	DATETIME		> DeliveryTime	
Consignee	收货人	CHAR	10		Not Null
Address	收货人地址	CHAR	100		Not Null
Tel	收货人电话	CHAR	20		Not Null
Zipcode	邮编	CHAR	7		

表9-6　书籍类别表

数据项	含义说明	数据类型	数据长度	取值范围	约束条件
CategoryID	分类编号	CHAR	7		主键，Not Null
CategoryName	类别名称	CHAR	20		Not Null
BelongID	父类别编号	CHAR	7		Not Null

9.2　数据库实现

9.2.1　创建数据库

可以在 MySQL Workbench 中通过向导或在新建查询中输入 SQL 语句创建数据库，下面演示通过 SQL 语句创建数据库的基本步骤和方法。

（1）打开 MySQL Workbench 窗口，连接到服务器。

（2）单击标准工具栏上的"新建查询"按钮，创建一个查询输入窗口。

（3）在窗口内输入语句，创建"E_bookstore"数据库，创建数据库语句如下所示：

```
1.  CREATE DATABASE `E_bookstore`
2.  /*!40100 DEFAULT CHARACTER SET utf8 */
3.  /*!80016 DEFAULT ENCRYPTION='N' */;
```

9.2.2　创建基本表

可以在 MySQL Workbench 中通过向导或在新建查询中输入 SQL 语句创建基本表，下面列举了建立基本表的 SQL 语句。

1. 用户表（User_List）

```
1.  CREATE TABLE `User_List` (
2.    `UserID` char(5) NOT NULL,
3.    `Account` char(15) NOT NULL,
4.    `Password` char(16) NOT NULL,
5.    `TName` char(40) DEFAULT NULL,
6.    `Sex` char(10) DEFAULT NULL,
7.    `Address` char(100) DEFAULT NULL,
8.    `Zipcode` char(7) DEFAULT NULL,
9.    `Tel` char(20) DEFAULT NULL,
10.   `Email` char(30) DEFAULT NULL,
11.   PRIMARY KEY (`UserID`)
12. ) ENGINE=InnoDB DEFAULT CHARSET=utf8mb3;
```

2. 书籍信息表（Book_Information）

```
1.  CREATE TABLE `Book_Information` (
2.    `BookID` char(5) NOT NULL,
3.    `ISBN` char(13) NOT NULL,
4.    `BookName` char(40) NOT NULL,
5.    `Author` char(40) NOT NULL,
6.    `PressID` char(5) DEFAULT NULL,
7.    `PublishDate` datetime DEFAULT NULL,
8.    `Pages` int DEFAULT NULL,
9.    `Edition` char(10) DEFAULT NULL,
10.   `CategoryID` char(7) DEFAULT NULL,
```

```
11.     `TotalNum` int NOT NULL,
12.     `Price` int NOT NULL,
13.     `DiscountPrice` int DEFAULT NULL,
14.     PRIMARY KEY (`BookID`),
15.     KEY `PressID_idx` (`PressID`),
16.     KEY `CategoryID_idx` (`CategoryID`),
17.     CONSTRAINT `CategoryID` FOREIGN KEY (`CategoryID`) REFERENCES
        `Book_Category` (`CategoryID`),
18.     CONSTRAINT `PressID` FOREIGN KEY (`PressID`) REFERENCES
        `Press_Information` (`PressID`)
19.   ) ENGINE=InnoDB DEFAULT CHARSET=utf8mb3;
```

3. 出版社信息表（Press_Information）

```
1.    CREATE TABLE `Press_Information` (
2.      `PressID` char(5) NOT NULL,
3.      `PressName` char(40) NOT NULL,
4.      `Tel` char(20) DEFAULT NULL,
5.      `Email` char(30) DEFAULT NULL,
6.      `Address` char(100) DEFAULT NULL,
7.      `Zipcode` char(7) DEFAULT NULL,
8.      `WWW` char(100) DEFAULT NULL,
9.      PRIMARY KEY (`PressID`)
10.   ) ENGINE=InnoDB DEFAULT CHARSET=utf8mb3;
```

4. 订单信息表（Order_Information）

```
1.    CREATE TABLE `Order_Information` (
2.      `OrderID` char(7) NOT NULL,
3.      `BookID` char(5) NOT NULL,
4.      `BookName` char(40) NOT NULL,
5.      `OrderTime` datetime NOT NULL,
6.      `Quantity` int NOT NULL,
7.      PRIMARY KEY (`BookID`,`OrderID`),
8.      KEY `OrderID` (`OrderID`),
9.      CONSTRAINT `BookID` FOREIGN KEY (`BookID`) REFERENCES `Book_Information`
        (`BookID`),
10.     CONSTRAINT `OrderID` FOREIGN KEY (`OrderID`) REFERENCES `Order_List`
        (`OrderID`)
11.   ) ENGINE=InnoDB DEFAULT CHARSET=utf8mb3;
```

5. 订单细节表（Order_List）

```
1.    CREATE TABLE `Order_List` (
2.      `OrderID` char(5) NOT NULL,
3.      `OrderTime` datetime NOT NULL,
4.      `Payment` char(5) NOT NULL,
5.      `UserID` char(5) DEFAULT NULL,
6.      `CourieredID` char(15) NOT NULL,
7.      `OrderStatus` char(10) NOT NULL,
8.      `DeliveryTime` datetime NOT NULL,
9.      `ETA` datetime DEFAULT NULL,
10.     `Consignee` char(10) NOT NULL,
```

```
11.    `Address` char(100) NOT NULL,
12.    `Tel` char(20) NOT NULL,
13.    `Zipcode` char(7) DEFAULT NULL,
14.    PRIMARY KEY (`OrderID`),
15.    KEY `UserID_idx` (`UserID`),

16.    CONSTRAINT `UserID` FOREIGN KEY (`UserID`) REFERENCES `User_List`
       (`UserID`)
17. ) ENGINE=InnoDB DEFAULT CHARSET=utf8mb3;
```

6. 书籍类别表（Book_Category）

```
1.   CREATE TABLE `Book_Category` (
2.     `CategoryID` char(7) NOT NULL,
3.     `CategoryName` char(20) NOT NULL,
4.     `BelongID` char(7) NOT NULL,
5.     PRIMARY KEY (`CategoryID`)
6.   ) ENGINE=InnoDB DEFAULT CHARSET=utf8mb3;
```

图 9 - 4 显示了在数据库 E_bookstore 中创建的基本表及其相互关系。

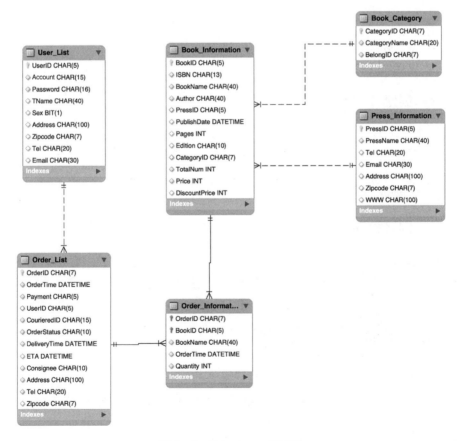

图 9 - 4　E_bookstore 关系图

9.2.3　创建索引

1. 对书籍信息表中的"书名"建立索引

```
1.   CREATE INDEX BookName_Index
2.   ON Book_Information(BookName)
```

2. 对出版社信息表中的"出版社名称"建立索引

```
1.   CREATE INDEX Press_Index
2.   ON Press_Information(PressName)
```

3. 对书籍信息表中的"分类编号"建立索引

```
1.   CREATE INDEX Book_Category_Index
2.   ON Book_Information (CategoryID)
```

4. 对订单细节表中的"下单时间"和"用户号"建立索引

```
1.   CREATE INDEX TimeUser_Index
2.   ON Order_List (OrderTime ASC,UserID DESC)
```

5. 对订单细节表中的"订单状态"建立索引

```
1.   CREATE INDEX OrderStatus_Index
2.   ON Order_List (OrderStatus)
```

9.2.4　创建视图

定义一个反映图书折扣幅度的视图，命名为 SALE_DIS。

```
1.   CREATE VIEW SALE_DIS(BookID,BookName,DisPrice)
2.   AS
3.   SELECT BookID,BookName, (Price-DiscountPrice)/Price
4.   FROM Book_Information
```

9.2.5　创建触发器

通过创建 BEFORE 触发器完成一个系统业务的自动执行。监控书籍信息表的价格不能超过取值范围，如果提交的书籍价格不合法，则执行报警。

```
1.   delimiter $$
2.   CREATE TRIGGER trigger_Book_Price_check
3.   BEFORE INSERT ON Book_Information
4.   FOR  EACH  ROW
5.   BEGIN
6.    if (new.Price > 9999 or new.Price < 0)
7.      then
8.      SIGNAL SQLSTATE '02000' SET MESSAGE_TEXT = '书籍价格输入不合法！';
9.      END IF;
10.  END
11.  $$
12.  delimiter ;
```

9.3　数据库连接

1. 导入 PyMySQL 库

在使用 PyMySQL 之前，我们需要确保 PyMySQL 已安装。

```
1.  import pymysql
```

2. 打开数据库连接

连接 MySQL 中创建的 E_bookstore 数据库建立交互。

```
1.  db = pymysql.connect(host='localhost',
2.                       user='root',
3.                       password='root',
4.                       database='E_bookstore')
```

3. 创建游标对象

使用 cursor( ) 方法创建一个游标对象 cursor。

```
1.  cursor = db.cursor()
```

4. 与数据库交互

使用 execute( ) 方法执行 SQL 查询，使用 fetchone( ) 方法获取单条数据。返回数据库版本，若成功，即可执行其他 SQL。

```
1.  cursor.execute("SELECT VERSION()")
2.  data = cursor.fetchone()
3.  print ("Database version : %s " % data)
```

5. 关闭连接

当结束交互时，关闭数据库连接。

```
1.  db.close()
```

数据库连接过程如图 9－5 所示。

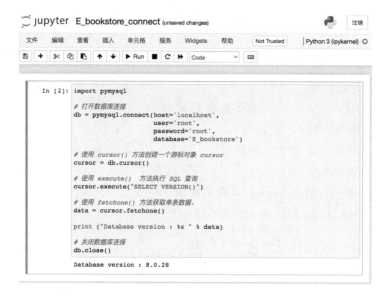

图 9-5 网上书店 E_bookstore 数据库连接

9.4 Web 程序开发示例

9.4.1 Flask 应用框架简介

1. 概述

Python 是一门解释型的脚本语言,在 Web 应用开发方面具有非常多的优势,其拥有上百种 Web 开发框架可供敏捷开发,像 Django、Flask 等都是非常受欢迎的 Web 应用框架。此外,Python 还拥有众多成熟的模板技术,得益于此,Python Web 应用开发不仅效率高,运行速度也非常快。

本案例将基于 Flask 开发框架来演示网上书店的 Web 应用。Flask 是一个轻量级的可定制框架,使用 Python 语言编写,与其他同类型框架相比更为灵活、轻便、安全且容易上手。它可以很好地结合 MVC 模式进行开发,开发人员分工合作,小型团队在短时间内就可以搭建功能丰富的中小型网站或使 Web 服务得以实现。Flask 还有很强的定制性,用户可以根据自己的需求来添加相应的功能,在保持核心功能的同时实现其他功能的丰富与扩展,其强大的插件库可以让用户实现个性化的网站定制,开发出功能强大的网站。

2. Flask 构件

Flask 被称为"微框架",主要是因为其小巧又灵活的使用方式:一个脚本便可启动一个 Web 项目。Flask 在保留核心功能的基础上,依赖 Werkzeug 和 Jinja2 两个核心函数库来处理底层的请求和响应。

(1) Werkzeug。Werkzeug 是 Python 的核心函数库,是 Web 服务器网关接口(WSGI)应用的工具箱,用于响应 Flask 中的基础 Web 服务。例如 HTTP 头解析和封装、集成 URL

请求路由、会话管理等。

（2）Jinja2。Jinja2 是基于 Python 的模版引擎，能够有效地分离业务逻辑和页面逻辑，增强代码可读性和可维护性，它还支持模版继承、自动 HTML 转义功能等。

（3）Flask 的特点。Flask 最受欢迎的特点是其仅保留了 Web 框架的核心，其他的功能都交给了扩展去实现。不包含数据库抽象层（ORM）、用户认证、表单验证、发送邮件等其他 Web 框架经常包含的功能，更没有制定数据库，开发人员可以选择 SQL、No-SQL 中的任何一种数据库，Flask 不会替开发人员做决定，也不会限制开发人员的选择，开发人员拥有极高的选择自由。除此之外，Flask 足够轻量化，甚至只需要编写几行代码就能开发出一个简单的 Web 应用程序。

9.4.2　用户登录验证功能

为了检验用户是否为合法用户，需要用户输入用户名和密码来核对用户的合法性。用户登录模块就是要完成这一功能。

```
1.   import traceback
2.   import pymysql
3.   from flask import Flask,render_template,request
4.   import time
5.
6.   app = Flask(__name__)
7.
8.   @app.route('/')
9.   def index():
10.      return render_template('index.html')
11.  @app.route('/login',methods=['POST'])
12.  def login():
13.      username = request.form.get('username')
14.      password = request.form.get('password')
15.      db =pymysql.connect(  #连接数据库
16.          host='localhost',
17.          user='root',
18.          password='root',
19.          database='E_bookstore'
20.      )
21.      cusor = db.cursor()
22.      sql=f"select * from User_List where Account= '{username}' and
     Password = '{password}'"  #拼接 sql 用于检索用户输入的账号和密码
23.      try:
24.          cusor.execute(sql)
25.          results = cusor.fetchall()
26.          print(len(results))
27.          if len(results)==1:  #验证登录
28.              login_information = '登录成功'
29.              return
     render_template("index.html",login_information=login_information)
30.          else:
31.              login_information = '登录失败'
32.              render_template('index.html',login_information=login_
                 information)
```

```
33.    except:
34.        traceback.print_exc()
35.        db.rollback()
36.    db.close()
37. if __name__ == '__main__':
38.    app.run()
```

图 9-6　网上书店用户登录验证页面

9.4.3　图书信息列表展示

以列表形式在网页中显示网上书店在售图书信息（如图 9-7 所示），在前端框架 Flask 的 app. py 文件中增加路由，跳转至图书信息页面，并分别创建前端网页模板和后端实现方法，以显示图书信息，以下为后端部分实现代码和前端遍历从数据库中获取到的图书信息。

```
1. ─────────────── 后端获取数据代码 ───────────────
2. def book_info():
3.     cur = conn.cursor()
4.
5.     # 获取图书信息表
6.     sql = "select * from Book_Information"
7.     cur.execute(sql)
8.     content = cur.fetchall()
9.
10.     # 获取表头
11.     sql = "SHOW FIELDS FROM Book_Information"
12.     cur.execute(sql)
13.     labels = cur.fetchall()
14.     labels = [l[0] for l in labels]
15. ─────────────── 前端遍历数据代码 ───────────────
16.     <title>网上书店-图书信息</title>
17. </head>
18. <body>
19. <div class="row">
20.     <div>
21.         <div class="panel panel-default">
22.             <div class="panel-heading">
```

```
23.                    <h4 align="center">在售图书信息列表</h4>
24.                </div>
25.                <div class="panel-body">
26.                    <div class="table-responsive">
27.                        <table class="table table-striped table-bordered
     table-hover">
28.                            <thead>
29.                                <tr>
30.                                    {% for i in labels %}
31.                                        <td>{{ i }}</td>
32.                                    {% endfor %}
33.                                </tr>
34.                            </thead>
35.                            <tbody>
36.                                {% for i in content %}
37.                                    <tr>
38.                                        {% for j in i %}
39.                                            <td>{{ j }}</td>
40.                                        {% endfor %}
41.                                    </tr>
42.                                {% endfor %}
43.                            </tbody>
44.                        </table>
45.                    </div>
46.                </div>
47.            </div>
48.
49.        </div>
50.
51. </div>
```

BookID	ISBN	BookName	Author	PressName	PressID	PublishDate	Pages	Edition	CategoryID	TotalNum	Price	DiscountPrice
K0001	9787566831187	数据分析及EXCEL应用	王斌会	暨南大学出版社	P003	2021-03-01 00:00:00	460	第2版	C100100	80	52	31
K0002	9787566822925	群体智能与大数据分析技术（2018年）	陶乾	暨南大学出版社	P003	2018-04-01 00:00:00	1504	第1版	C100100	65	764	255
K0003	9787302531272	MySQL 8从入门到精通（视频教学版）	王英英	清华大学出版社	P001	2019-06-01 00:00:00	654	第1版	C100100	45	128	122
K0004	9787121428340	数据分析之道：用数据思维指导业务实战	李渝方	电子工业出版社	P005	2022-02-01 00:00:00	236	第1版	C100100	30	106	105
K0005	9787121430008	MongoDB核心原理与实践	郭远威	电子工业出版社	P005	2022-03-01 00:00:00	404	第1版	C100100	80	105	104
K0006	9787565323164	数据库原理及应用	杨雁莹	中国人民大学出版社	P006	2015-08-01 00:00:00	255	第1版	C100100	60	58	43
K0007	9787302586012	区块链技术及应用	华为区块链开发团队	清华大学出版社	P001	2021-09-01 00:00:00	349	第二版	C100100	289	38	31
K0008	9787115546081	Python编程 从入门到实践	埃里克·马瑟斯	人民邮电出版社	P002	2021-05-01 00:00:00	0	第二版	C100100	132	55	51
K0009	9787121411748	计算机网络	谢希仁	电子工业出版社	P005	2021-06-01 00:00:00	0	第八版	C100100	23	51	43
K0010	9787115374769	精益数据分析	阿利斯泰尔·克罗尔	人民邮电出版社	P002	2021-04-01 00:00:00	0	第一版	C100100	67	71	56

图 9 - 7　网上书店在售图书信息列表页